土木工程实验

TUMU GONGCHENG SHIYAN

主　编　刘自由　曹国辉

副主编　童小龙　卓德兵

参　编　李　旭　郭尤林　刘小林

　　　　贺　冉　方列兵

重庆大学出版社

内容提要

本书是土木工程专业及土建类相关专业的实验指导教材。全书共分 7 章,包括实验准备、材料力学实验、建筑材料实验、土工实验、路基路面工程实验、结构实验、实验抽样与数据分析等。每章实验相对独立,结合大学生研究性学习与创新性实验计划项目,分为必修实验和选修实验,使实验教学可结合专业特点和实验条件取舍。每个实验都包括实验目的、实验仪器设备的使用、实验原理和方法、实验步骤、实验注意事项和思考题等内容,便于读者掌握该实验并能独立地进行实验操作。

本书可作为土木工程专业及土建类相关专业的实验教学用书,也可供从事土建类实验检测工作的工程技术人员参考。

图书在版编目(CIP)数据

土木工程实验 / 刘自由,曹国辉主编. -- 重庆:重庆大学
出版社,2018.9(2019.7 重印)
ISBN 978-7-5689-1302-7

Ⅰ.①土… Ⅱ.①刘…②曹… Ⅲ.①土木工程—实验—高等
学校—教材 Ⅳ.①TU-33

中国版本图书馆 CIP 数据核字(2018)第 183913 号

土木工程实验

主　编　刘自由　曹国辉
副主编　童小龙　卓德兵
参　编　李　旭　郭尤林　刘小芳
　　　　贺　冉　方列兵
策划编辑:鲁　黎

责任编辑:姜　凤　　版式设计:鲁　黎
责任校对:刘　刚　　责任印制:张　策

*

重庆大学出版社出版发行
出版人:饶帮华
社址:重庆市沙坪坝区大学城西路 21 号
邮编:401331
电话:(023)88617190　88617185(中小学)
传真:(023)88617186　88617166
网址:http://www.cqup.com.cn
邮箱:fxk@ cqup.com.cn (营销中心)
全国新华书店经销
重庆华林天美印务有限公司印刷

*

开本:787mm×1092mm　1/16　印张:10.75　字数:270 千
2018 年 9 月第 1 版　　2019 年 7 月第 2 次印刷
印数:2 001—3 500
ISBN 978-7-5689-1302-7　定价:29.80 元

前　言

　　实验教学是土木工程专业的重要实践教学环节,不仅有助于提高学生对基本概念、基本理论的理解和验证,而且对培养学生的创新精神、动手能力和工程实践能力具有重要意义。

　　本书根据理论课程教学大纲要求,按现行国家标准及规范编写而成,并对实际工程检测过程中的一些取样方法进行简单介绍,包括材料力学实验、建筑材料实验、土工实验、路基路面工程实验、结构实验等。实际教学中,实验教师可根据教学大纲选取实验项目。

　　本书可作为土木工程专业及土建类相关专业的实验教学用书,也可供从事土建类实验检测工作的工程技术人员参考。

　　本书由湖南城市学院刘自由、曹国辉担任主编,湖南理工学院童小龙、吉首大学卓德兵担任副主编。具体分工如下:第一章、第二章由李旭编写,第三章、第七章由刘自由、方列兵编写,第四章由郭尤林编写,第五章由刘小芳编写,第六章由贺冉编写。全书由刘自由、曹国辉统稿,童小龙、卓德兵进行技术校审。

　　感谢湖南城市学院国家级土木工程实验教学示范中心的大力协助。

　　由于编者水平有限,书中难免存在疏漏之处,敬请读者批评指正。

编　者
2018 年 5 月

目 录

第一章
实验准备

第一节　实验室规则

　　1. 实验室是开展科学实验活动的重要场所,必须建立文明的教学秩序。保持实验室安静、整洁和严肃的学习气氛。严禁大声谈笑、吸烟、随地吐痰和乱抛纸屑等。

　　2. 学生必须在排定的时间内准时进实验室做实验。不得早退、缺席,因故不能参加实验者,必须办理请假手续,否则视为旷课。

　　3. 实验前,必须做好充分预习,认真听取指导教师讲授。

　　4. 实验中,不得动用与本次实验无关的任何仪器、设备。小心使用仪器,遵守实验室规则。

　　5. 实验后,必须把实验场地清理干净。

第二节　实验注意事项

　　实验中要接触较多的测试仪器、设备,为使学习者通过实验掌握实验原理和方法,初步学会实验仪器、设备的使用方法,使学习者对整理实验结果、处理实验数据和书写实验报告等多方面得到初步训练,实验时应注意以下事项:

一、做好实验前的准备工作

　　1. 实验前认真做好预习,阅读实验指导书或实验教材,复习有关理论知识,明确实验目的、原理和实验步骤等。

　　2. 初步了解实验中使用的仪器、设备和实验装置等的工作原理、使用方法和操作注意事项。

　　3. 对需要由小组完成的实验,课前应编好实验小组,小组成员须分工明确、相互配合、协调操作,共同完成实验。

　　4. 认真、清楚地了解实验所需记录的数据项目及数据处理的原理和方法,设计好数据记录表格。

二、遵守实验室的规章制度

1. 按课程安排准时进入实验室。对开放实验应按预约时间进入实验室。第一次上实验课的同学应认真学习并遵守执行实验室的规章制度。

2. 进入实验室后,要注意保持实验室的整洁、安静。未经允许,不得随意动用室内的仪器、设备。实验中仪器、设备发生故障时,应及时报告,不得擅自处理,更不准隐匿不报。

3. 认真接受教师对实验预习情况的抽查、提问,仔细聆听教师对实验课程内容的讲解。

4. 操作仪器、设备之前,应注意检查仪器、设备是否完好。实验过程中,严格按仪器、设备的操作规程进行操作,认真观察实验现象,记录好实验数据,要随时分析、判断实验数据的正确性,保障实验顺利进行。

5. 实验结束前,应将全部数据交教师审阅,经教师同意后结束实验。

6. 实验结束后,应将所用仪器、设备擦拭干净,恢复至初始正常状态。

第三节　实验报告

实验报告是反映实验工作及实验结果的书面综合资料。书写实验报告能培养学生综合表达科学工作成果的文字能力,是全面训练实践能力的重要组成部分,必须认真完成。写实验报告要做到字迹工整、图表清晰、结论简明。一份完整的实验报告应由以下内容组成:

1. 实验名称、实验日期、同组人员等。

2. 实验目的和要求、实验原理、实验装置,通常要画出装置简图。

3. 实验仪器、设备的名称、型号及精度。

4. 实验数据记录,实验数据处理(注意采用适当的处理方法并保留正确的有效数字)。

5. 实验结果通常可用表格或曲线来表示。实验结论应简单、明确、符合科学习惯,要与实验目的、要求相呼应。

6. 实验结果的分析与结论。

实验报告在编写过程中,首先必须认真记录好整个实验过程的有关现象及原始数据,但实验报告不是原始的记录、计算过程的罗列,实验报告是经过数据整理、计算、编制的结果。只有做好记录,认真计算并将结果用图、表方式表达清楚,才能够清晰、正确地分析、评定出测试的结果。

第二章
材料力学实验

　　材料力学实验是材料力学教学中的一个重要环节,对提高学生的综合素质、培养学生的实践能力与创新能力具有极其重要的作用。学生通过材料力学实验不仅能够丰富书本知识,而且能够增强实践能力和实践技能;通过实验能提高应用实验的手段与方法分析、研究和解决工程问题的能力;通过实验能提高建立力学模型或者修正、完善力学模型的能力;通过实验能培养研究新材料和新结构的能力。

　　进行材料力学实验后,学生应掌握测定材料力学性能的基本方法、测量应变的电测法和实验应力分析的基本原理,并掌握相应仪器设备的使用方法和处理实验数据的能力。

　　本实验指导书根据实践能力和创新意识、创新能力的培养要求,将实验分为基本实验和选修实验两大部分。基本实验作为土木工程专业学生的必修实验,其中部分作为"工程力学"课程的必修实验;选修实验作为课外开放性实验,其内容大都具有综合性、设计性、研究性,学生可根据自己的能力和兴趣选做。书中对实验仪器设备的介绍以本校已有的实验仪器设备为主。

　　本实验指导书供土木工程专业材料力学实验和其他专业工程力学实验用。

　　土木工程专业材料力学必做的 5 个实验,即拉伸实验、压缩实验、扭转实验、梁纯弯曲正应力测定实验、弯扭组合变形主应力测定实验。

　　其他专业工程力学必做的 3 个实验,即拉伸实验、压缩实验、扭转实验。

第一节　　必修实验

实验一　　低碳钢和铸铁的拉伸实验

一、实验目的

1. 观察低碳钢和铸铁在拉伸过程中的各种现象。
2. 测定低碳钢拉伸时的弹性模量 E。
3. 绘制低碳钢和铸铁的荷载-变形曲线和应力-应变曲线。
4. 测定低碳钢拉伸时的屈服强度 σ_s、伸长率 δ、断面收缩率 ψ 和铸铁的抗拉强度 σ_b。
5. 比较两种材料的拉伸力学性能。

二、实验仪器、设备

电子万能实验机（CMT6105）、应变式引伸计、游标卡尺、钢板尺。

三、实验原理和方法

实验所用试样的形状和尺寸对其性能测试结果有一定的影响。为了使金属材料拉伸实验的结果具有可比性与符合性，国家已制定统一标准《金属拉伸试验试样》（GB 6397—1986）。本实验所用的拉伸试样是按国家标准经机加工制成的圆形横截面的长比例试样，取 $l_0 = 10d_0$，采用圆形截面试件，即直径 d_0 为 10 mm。原始标距 l_0 为 100 mm，两端较粗部分是头部，为装入实验机夹头中承受拉力之用，如图 2.1 所示。

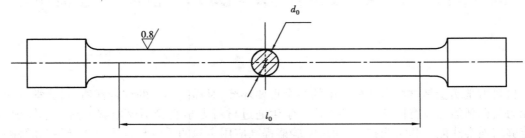

图 2.1　圆形截面试件

在做拉伸实验的过程中，从电子万能实验机的微机显示屏上可以看到记录的低碳钢拉伸曲线（F-Δl 曲线）和铸铁的拉伸曲线，如图 2.2 所示。低碳钢拉伸曲线可分为 4 个阶段，即弹性阶段、屈服阶段、强化阶段及局部变形阶段。铸铁试件承受的荷载较小时就突然断裂，没有屈服阶段，抗拉强度较低，且断裂时的变形也较小。

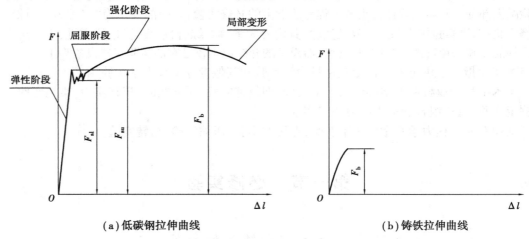

　（a）低碳钢拉伸曲线　　　　　　　　（b）铸铁拉伸曲线

图 2.2　低碳钢和铸铁的拉伸曲线图

1.弹性模量 E 的测定

低碳钢试样受到轴向拉力 F 的作用时，在比例极限内，应力和应变的关系符合胡克定律，弹性模量是应力和应变的比值，即

$$E = \frac{\sigma}{\varepsilon} = \frac{F \cdot l_0}{A_0 \cdot \Delta l}$$

对横截面面积为 A_0 的试样施加拉伸载荷 F，并测出标距 l_0 的相应伸长 Δl，即可求得弹性模量 E。由于弹性变形阶段内试样变形很小，因此需用精密仪器引伸计来测量其变形量。为

了验证胡克定律,并提高测试弹性模量 E 的精确度,通常采用"增量法"进行实验,也就是把载荷分成若干相等的加载等级 ΔF,然后逐级加载。测弹性模量时最高载荷 F_n 为屈服载荷 F_s 的 $70\% \sim 80\%$,若低碳钢的直径为 10 mm,则 F_n 不超过 15 kN。

实验时,从 F_0 到 F_n 逐级加载,各级载荷增量为 ΔF。对应着每个载荷 $F_i(i = 1,2,\cdots,n)$,就有相应的伸长 Δl_i,Δl_{i+1} 与 Δl_i 的差值即为变形增量 $\delta(\Delta l)_i$,它是 ΔF 引起的伸长增量,$\delta(\Delta l)_i = \Delta l_{i+1} - \Delta l_i$。在逐级加载中,若得到的各级 $\delta(\Delta l)_i$ 基本相等,就表明变形 Δl 与拉力 F 呈线性关系,符合胡克定律。

完成一次加载,将得到 F_i 和 Δl_i 的一组数据,按弹性模量平均法,对应每一个 $\delta(\Delta l)_i$ 可以求得相应的单项弹性模 E_i 量,则

$$E_i = \frac{\Delta F \cdot l_0}{A_0 \cdot \delta(\Delta l)_i} \quad (i = 1,2,\cdots,n)$$

则 n 个 E_i 的算术平均值

$$E = \frac{1}{n} \sum_{i=1}^{n} E_i$$

即为材料的弹性模量。

用增量法进行实验,还能判别加载、引伸仪的安装及读数有无错误。若伸长增量不按一定规律变化,说明实验不正常,应进行检查。

2. 屈服极限 σ_s 与强度极限 σ_b 的测定

低碳钢试样拉伸实验完毕,电子拉伸实验机会自动记录屈服荷载 F_s 和最大荷载 F_b,并在输入试样横截面尺寸后,由式

$$\sigma_s = \frac{F_s}{A_0} \text{和} \sigma_b = \frac{F_b}{A_0}$$

自动计算出低碳钢试样的屈服极限 σ_s 和强度极限 σ_b。

当达到最大载荷 F_b 后,拉伸曲线开始下降,这时可观察到试件的某一局部截面明显缩小,出现"颈缩"现象,这表明已经进入局部变形阶段。

拉伸铸铁时,由于没有屈服阶段,电子拉伸实验机只会记录最大荷载 F_b,因此铸铁等脆性材料只存在强度极限 σ_b。

3. 延伸率 δ 和截面收缩率 ψ 测定

根据定义

$$\delta = \frac{l_1 - l_0}{l_0} \times 100\% \ ; \psi = \frac{A_1 - A_0}{A_0} \times 100\%$$

其中,l_1 为试样拉断后测试标距范围长度,称为断后标距;A_1 则为试样断口处的最小面积。

为了方便测量断后标距 l_1,实验前应在试样表面画上等距离并与试样轴线相垂直的标记线,例如每相距 10 mm 画上一段线,如图 2.3 所示。

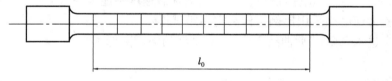

图 2.3　低碳钢试样

试样拉断后，把试样拼接起来，用游标卡尺测量 10 格的长度即为断后标距 l_1，测量出断口的直径 d_1。如果无法使断口位于测量范围的中部，就要采用断口移中的办法来决定 l_1。将 l_1 和 d_1 值输入即可自动计算出延伸率 δ 和断面收缩率 ψ。

四、实验步骤

1. 分别测量低碳钢试样、铸铁试样的尺寸：在试样标距段内的两端和中间三处测取直径，每处直径取两个相互垂直方向的平均值，做好记录，用最小直径来计算试样横截面直径 A_0。用卡尺或钢板尺测量试件的标距 l_0。

2. 连接实验机和计算机电源，预热 15 min 后开始实验。

3. 熟悉电子万能实验机的操作方法，先打开计算机实验软件界面，然后开启实验机。

4. 在实验机上装夹低碳钢试样：先用上夹头卡紧试样一端，然后下降活动横梁使试样另一端缓慢插入下夹头的 V 形卡板中，锁紧下夹头。

5. 测量低碳钢的弹性模量 E：在试样上安装好引伸计，并将其接入计算机；在主界面"速度显示区"上设置位移速度（测量 E 时应选较小值）；在主界面上打开"配置"界面，设置测力传感器上的力值，将"变形配置区"变换成"5050 应变规"。返回主界面，设置成"设定上"，由"运行"键开始实验，加载至 500～1 000 N 后"停止"，将"力值""变形"清零。再由"运行"继续加载，每加载至一定荷载值后"停止"，记录下荷载值和变形值。

6. 测量低碳钢的屈服极限 σ_s、强度极限 σ_b、延伸率 δ 和截面收缩率 ψ：在测量好弹性模量 E 后，卸载（设定下）并松开下夹头，取下引伸计，重新在实验机上装夹低碳钢试样。在主界面"速度显示区"上设置位移速度（取较大值）；在主界面上打开"配置"界面，设置测力传感器上的力值，将"变形配置区"变换成"位移"。返回主界面，设置成"设定上"，由"运行"键开始实验，直至试样拉断。在力值达到峰值时注意观察"颈缩"现象。取下拉断后的试样，测量断后标距 l_0、断口直径 d_1。点击主界面"处理"键进入数据处理窗口，点击"输入"并输入试件的参数等相关数据。返回数据处理窗口并点击"出报告"键，即可得到报告文件。

7. 测量铸铁的强度极限 σ_b、延伸率 δ 和截面收缩率 ψ：用步骤 6 同样的方法将铸铁试样拉断并记录数据。

8. 整理实验现场。

五、实验注意事项

1. 为避免损伤实验机的卡板和卡头，同时防止铸铁试样脆断飞出伤人，操作中应注意：装夹试件时，横梁移动速度要慢，使试件下端缓慢插入夹头 V 形卡板中，且试件下端与卡板底部有一定距离，以免顶到卡头内部装配卡板用的平台。

2. 在进行低碳钢拉断实验时，必须取下引伸计。

六、思考题

1. 试根据低碳钢和铸铁的拉伸图比较两种材料的力学性质。

2. 实验中，尤其是在测量弹性模量 E 时，为何加载速度不能太快？

3. 拉伸实验为何必须采用比例试样和定标距试样？

4. 拉伸图中进入"颈缩"后曲线下降，此时试样的强度降低了吗？

七、附图

1. 电子万能实验机示意图，如图 2.4 所示。

2. 应变式引伸计，如图 2.5 所示。

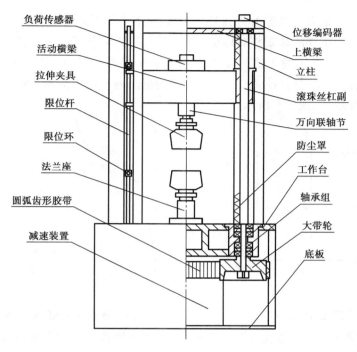

图 2.4　电子万能实验机示意图

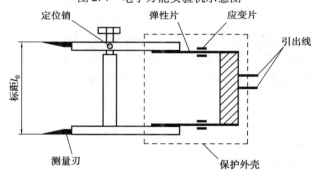

图 2.5　应变式引伸计

实验二　低碳钢和铸铁的压缩实验

一、实验目的

1.测定低碳钢压缩时屈服极限 σ_s 和铸铁压缩时的强度极限 σ_b。

2.观察低碳钢和铸铁在压缩中的变形和破坏现象。

3.掌握电子万能实验机的使用方法及其工作原理。

二、实验仪器、设备

液压式万能材料实验机、游标卡尺、量角器。

三、实验原理和方法

目前常用的压缩实验方法是两端平压法。在这种压缩实验方法中,试样的上下两端与实验机承垫之间会产生很大的摩擦力,它们阻碍着试样上部及下部的横向变形,导致测得的抗压强度较实际偏高。当试样的高度相对增加时,摩擦力对试样中部的影响就变得小了。若试样的高度太大(高度大于直径的 3 倍),虽然摩擦力的影响减小,但稳定性的影响却突出起来。因此,压缩试样的高度 h_0 与直径 d_0 之比在 1～3 的范围内。低碳钢和铸铁等金属材料的压缩试样一般制成圆柱形,如图 2.6 所示。

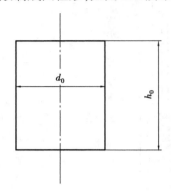

图 2.6　圆柱形压缩试样　　　　　　图 2.7　低碳钢在压缩时的 Δl 曲线

低碳钢在压缩时的 $\sigma\text{-}\varepsilon$ 曲线如图 2.7 所示,图中还用虚线绘出了低碳钢在拉伸时的 $\sigma\text{-}\varepsilon$ 曲线,从这两条曲线可以看出,在屈服阶段以前,它们基本上是重合的,这说明低碳钢在压缩时的弹性模量 E 和屈服极限 σ_s 与拉伸时大致相同。但在超过屈服极限以后,因低碳钢试样的轴向长度 h_0 不断缩短,受压面积越来越大,直到被压成鼓形而不产生断裂,如图 2.8 所示。如果载荷足够大,试样可被压成饼,所以无法测定材料的压缩强度极限,故一般来说,钢材的力学性能主要用拉伸实验来确定,并认为屈服极限 σ_s 为低碳钢压缩时的强度特征值:

$$\sigma_s = \frac{F_s}{A_0}$$

式中　A_0——试样初始横截面面积;

　　　F_s——低碳钢压缩时的屈服载荷。

必须指出低碳钢压缩时的屈服阶段并不像拉伸时那样明显,因此在确定 F_s 时要特别小心地观察。在缓慢而均匀地加载下,最初测力指针是等速转动的,但发生屈服时,测力指针的转动减慢,直至停止转动,停留时间很短,有时也会出现回摆现象,这就是屈服现象。指针停留时的载荷或指针往回摆的最低载荷即为材料的屈服荷载 F_s。

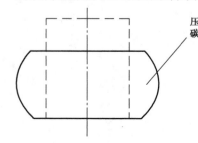

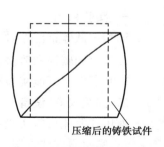

图 2.8　压缩后的低碳钢试件　　　图 2.9　铸铁 $F\text{-}\Delta l$ 曲线　　　图 2.10　压缩后的铸铁试件

铸铁是典型的脆性材料,在压缩时并无屈服阶段,其 $F\text{-}\Delta l$ 曲线如图 2.9 所示,当对试样加

至极限载荷 F_b 时,试样在压缩变形很小时就突然发生剪断破坏,断面与试样轴线的夹角为 $35° \sim 40°$,如图 2.10 所示。此时,测力主动针迅速倒退,由从动针可读出 F_b 值,于是即可确定铸铁的强度极限:

$$\sigma_b = \frac{F_b}{A_0}$$

式中 A_0——试样初始横截面面积;

  F_b——铸铁压缩时的极限载荷。

实验表明,铸铁的抗压能力比其抗剪能力好(拉伸曲线为图 2.9 中的虚线),而且受压时的强度极限比受拉时的强度极限高 3~4 倍,故铸铁只适用于受压构件。

四、实验步骤

1. 分别测量低碳钢试样、铸铁试样的尺寸:在试件标距段内的两端和中间 3 处测取直径,每处直径取两个相互垂直方向的平均值,做好记录,用最小直径 d_0 来计算试件横截面直径 A_0。用游标卡尺或钢板尺测量试件的高度 h_0。

2. 连接实验机电源,熟悉液压式万能实验机的操作方法。

3. 根据试样极限载荷的大小,选择合适的测力量程,并配置相应的摆锤。低碳钢和铸铁的压缩实验通常选择 0~300 kN 的量程。调整测力指针,对准零点。

4. 放置试样:把压缩试样放置于实验机的两个承压垫板之间,并对准轴线。

5. 开动实验机,慢速加载。对于低碳钢,先记录试样的屈服载荷 F_s,然后加载至大约 200 kN 时卸载;对于铸铁,则加载至试件断裂后卸载,记录极限载荷 F_b,停车,取下试件,测量断口与试样底面之间的夹角。

6. 整理和复原实验机及工具,清理现场。

五、实验注意事项

1. 在调节试样与承压垫板之间的距离时,开始可打开送油阀门快速接近,当试样贴近承压垫板时(约 5 mm),直接关电源,关闭送油阀。然后开动实验机,慢速加载。

2. 压缩铸铁试件时,为防止试样崩碎飞出伤人,操作者应在试样周围安装防护罩或与之保持距离。

六、思考题

1. 铸铁的破坏形式说明了什么?

2. 为什么不能测得低碳钢的抗压强度 σ_b?

3. 由低碳钢和铸铁在拉伸、压缩时的实验结果,比较塑性材料和脆性材料的力学性质。

七、附:液压式万能材料实验机原理及操作方法

WE-30 型液压式万能材料实验机的外形,如图 2.11 所示。其构造原理示意图如图 2.12 所示。

(1)加力部分。在实验机的底座上,装有两根固定立柱,立柱支承着固定横梁及工作油缸。当开动油泵电动机后,电动机带动油泵,将油箱里的油经送油阀送至工作油缸,推动其工作活塞,使上横梁、活动立柱和活动平台向上移动。如将拉伸样装于上夹头和下夹头内,当活动平台向上移动时,因下夹头不动,而上夹头随着平台向上移动,则试样受到拉伸;如将试样装于平台的承压座内,平台上升,则试样受到压缩。

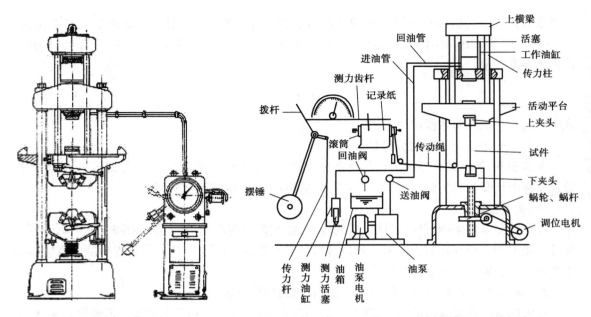

图2.11　液压式万能材料实验机　　　　图2.12　液压式万能材料实验机原理示意图

做拉伸实验时,为了适应不同长度的试样,可启动下夹头的电动机使之带动蜗杆、蜗杆带动蜗轮、蜗轮再带动丝杆,以控制下夹头上下移动,调整适当的拉伸空间。

(2)测力部分。装在实验机上的试样受力后,受力大小可在测力盘上直接读出。试样受了载荷的作用,工作油缸内的油就具有一定的压力。压力的大小与试样所受载荷的大小成比例。而测力油管将工作油缸与测力油缸连通,则测力油缸就受到与工作油缸相等的油压。此油压推动测力活塞,带动测力拉杆,使摆杆和摆锤绕支点转动。试样受力越大,摆的转角也越大。摆杆转动时,其上面的推杆便推动水平齿条,从而使齿轮带动测力指针旋转,这样便可从测力度盘上读出试样受力的大小。摆锤的质量可以调换,一般实验机可以更换3种锤重,故测力度盘上也相应有3种刻度,这3种刻度对应着机器的3种不同的量程。如WE-30液压式万能实验机有0~60 kN、0~150 kN、0~300 kN 3种测量量程。

实验三　低碳钢和铸铁的扭转实验

一、实验目的

1. 测定低碳钢的剪切屈服极限 τ_s、抗剪强度 τ_b 和铸铁的抗剪强度 τ_b。

2. 测定低碳钢的剪切弹性模量 G。

3. 观察扭转曲线($T\text{-}\varphi$ 曲线),观察塑性材料和脆性材料不同的破坏方式。

4. 了解并掌握微机电子式扭转实验机和扭转仪的工作原理及使用方法。

二、实验仪器、设备

微机电子式扭转实验机、扭转计、百分表、游标卡尺、钢板尺。

三、实验原理和方法

扭转试样采用圆形截面,如图2.13所示。为方便观察试样的扭转变形,可在试样表面画一条纵线。

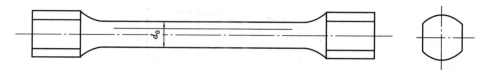

图 2.13　图形截面扭转试样

1. 测定切变模量 G。

测定切变模量实验装置如图 2.14 所示,将固定臂和转动臂固定在试样上,之间距离为 50 mm,由标距定位套保证。固定臂和转动臂之间有一定空间用来安放扭转引伸计。

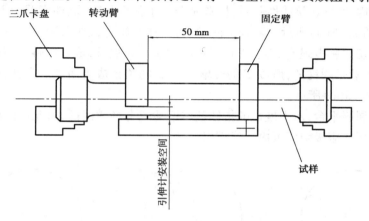

图 2.14　测定切变模量实验装置

试样受扭(反转)时,固定臂和转动臂之间距离会发生变化,其变化值 b 由扭转引伸计测量。变化值 b 与扭转角 φ 之间的关系为

$$\varphi = 2 \, \arcsin^{-1} \left(\frac{b}{2R} \right)$$

式中　R——扭转中心至引伸计测量刃口之间的距离,其值为 50 mm。

由扭转角 φ 可以得出剪切弹性模量 G 的公式

$$G = \frac{T \cdot L}{\varphi \cdot I_p}$$

式中　L——试样的标距长度,其值为 50 mm;

I_p——极惯性矩;

T——扭矩大小。

将引伸计与主机连接,可由实验程序直接求出剪切弹性模量 G。但实验中扭矩值需超过材料的屈服荷载值后才能得出 G 值。

2. 低碳钢扭转实验。

在测量完 G 后,取下扭转计,加大转角速度可继续进行低碳钢扭转实验。低碳钢试样在发生扭转变形时,其 T-φ 曲线如图 2.15 所示,类似低碳钢拉伸实验,相应地有 3 个强度特征值:剪切比例极限 τ_p、剪切屈服极限 τ_s 和剪切强度极限 τ_b。对应这 3 个强度特征值的扭矩依次为 T_p,T_s,T_b。

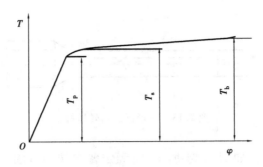

图 2.15　低碳钢扭转变形 T-φ 曲线

在比例极限内，T 与 φ 呈线性关系，材料完全处于弹性状态，试件横截面上的剪应力沿半径线性分布，如图 2.16(a)所示。随着 T 的增大，试样开始进入屈服阶段，横截面边缘处的剪应力首先到达剪切屈服极限 τ_s，而且塑性区逐渐向圆心扩展，形成环塑性区，如图 2.16(b)所示，但中心部分仍然是弹性的，所以 T 仍可增加，T-φ 的关系成为曲线。直到整个截面几乎都是塑性区，如图 2.16(c)所示。

在 T-φ 出现屈服平台，示力度盘的指针基本不动或有轻微回摆，由此可读出屈服扭矩 T_s，低碳钢扭转的剪切屈服极限值可由下式求出：

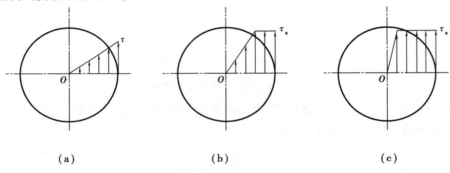

(a)　　　　　　　　(b)　　　　　　　　(c)

图 2.16　剪应力线性分布图

$$\tau_s = \frac{3T_s}{4W_t}$$

式中　$W_t = \dfrac{\pi}{16}d^3$——试件的抗扭截面系数。

屈服阶段过后，进入强化阶段，材料的强化使扭矩又有缓慢地上升，但变形非常明显，试样的纵向画线变成螺旋线，直至扭矩到达极限扭矩值 M_b 进入断裂阶段，试样被剪断。低碳钢扭转的剪切强度极限 τ_b 可由下式求出：

$$\tau_b = \frac{3T_b}{4W_t}$$

3.铸铁扭转实验。

铸铁在扭转实验时，变形很小就突然断裂。其 T-φ 曲线如图 2.17 所示。

4.试样的破坏现象分析。

试样受扭，材料处于纯剪切应力状态，在试样的横截面上作用有剪应力 τ，同时在与轴线成 $\pm 45°$ 的斜截面上，会出现与剪应力等值拉应力 σ_1 和压应力 σ_2，如图 2.18(a)所示。

低碳钢的抗剪能力比抗拉和抗压能力差,试件将会从最外层开始,沿横截面发生剪断破坏,如图2.18(b)所示,而铸铁的抗拉能力比抗剪和抗压能力差,则试样将会在与杆轴成45°的螺旋面上发生拉断破坏,如图2.18(c)所示。

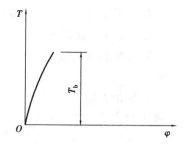

图2.17　铸铁 T-φ 曲线

四、实验步骤

1. 测定低碳钢的剪切弹性模量 G。

(1)测量试样尺寸 d_0(测量直径的方法与拉伸实验相同)。

(2)装夹试件,将扭转引伸计装在试件上并与计算机连接。

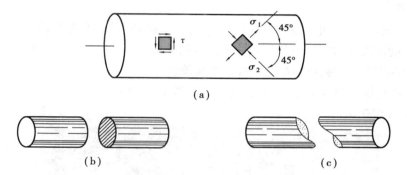

(a)

(b)　　　　　　　　　　　　(c)

图2.18　试件受扭破坏及受力示意图

(3)打开实验机,开启实验程序。

(4)录入实验信息和试样参数。

(5)设置实验参数:"实验速度"一般设置为5°/min;如只进行剪切弹性模量 G 的测定,"实验结束条件"中"最大扭角值"设置为5°;如测定剪切弹性模量后还要继续进行扭转实验,则只能设置"断裂百分比"为20,而"最大扭角值"设置为空白。

(6)实验力、变形、位移等清零。

(7)开始实验。

(8)自动停机,得出实验结果。

2. 测定低碳钢的剪切屈服极限 τ_s 和抗剪强度 τ_b。

(1)在试样进入屈服阶段不久后取下扭转引伸计,将"实验速度"调为300°~360°/min,直至扭断。

(2)取下断裂后的试样,注意观察断口。

3. 铸铁的抗剪强度 τ_b。

(1)测量试样尺寸 d_0。

(2)装夹试件,打开实验机,开启实验程序。

(3)录入实验信息和试样参数。

(4)设置实验参数:"实验速度"设置为10°/min,设置"断裂百分比"为20。

(5)实验力、变形、位移等清零。

(6)开始实验。

(7)自动停机,得出实验结果。

4.实验完毕,将实验机复位并整理现场。

五、实验注意事项

1.在设置实验参数时,如果不使用引伸计,一定要选择"不使用引伸计",否则计算结果不正确。

2.如果实验不用引伸计,则"最大变形量"则可不设置,这样可避免由引伸计产生的错误信号影响实验的正常进行。

3.断裂百分比越小则至实验完成所走过的行程越大,如果设置为0,则可能永远不能自动完成实验,除非手工结束实验。

六、思考题

1.为什么低碳钢试样扭转破坏断口平齐,而铸铁试样断口呈45°螺旋形?

2.拉伸中的屈服点与扭转中的剪切屈服点有何关系?

七、附:NDW31000 型微机控制电子式扭转实验机

NDW31000 型微机控制电子式扭转实验机,如图2.19 所示。

最大扭矩:1 000 N·m。

图2.19　NDW31000 型微机控制电子式扭转实验机

实验四　梁弯曲正应力电测实验

一、实验目的

1.测定矩形截面梁纯弯曲时横截面正应力分布规律。

2.掌握电测法的基本原理及方法。

二、实验仪器、设备

简易加载设备(BZ8001 多功能实验台)、BZ2008-A 静态电阻应变仪、矩形截面钢梁、游标卡尺、钢板尺。

三、实验原理和方法

梁发生纯弯曲变形时,横截面上正应力 σ 在理论上沿梁的截面高度 y 呈斜直线规律变化,其计算公式为

$$\sigma = \frac{M \cdot y}{I_z}$$

式中 M——梁横截面上的弯矩；

I_z——梁横截面对中性轴(z轴)的惯性矩。

实验中通过在受纯弯曲梁的一些截面高度粘贴应变片,用应变仪来测量其应变 ε,然后利用胡克定律

$$\sigma = E \cdot \varepsilon$$

求出对应截面高度的应力值 $\sigma_{实}$,与理论值进行比较。为了实现纯弯曲,采用如图 2.20 所示的装置。加载之前,在梁发生纯弯曲变形的两个侧面,沿梁的横截面高度,每隔 $h/4$ 刻画平行线,在刻线处贴上应变片,即梁的上下边缘各贴一个应变片,中性层处贴一个应变片,中性层与梁的上下边缘之间各贴一个应变片。梁发生纯弯曲时,贴在其上的电阻应变片的长度将会发生改变,而导致电阻值的变化,可通过静态电阻应变仪测出各处的应变 ε_i,根据胡克定律,即可求出实验应力

$$\sigma_i = E \cdot \varepsilon_i$$

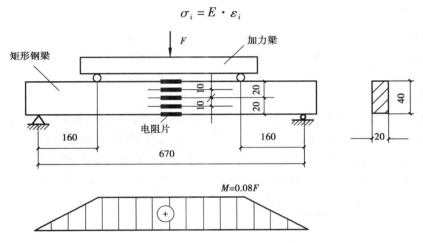

图 2.20 梁纯弯曲实现装置

实验仍采用"增量法",每增加等量的载荷 ΔF,测定一次各测点相应的应变增量 $\Delta\varepsilon_i$,取应变增量的平均值$\overline{\Delta\varepsilon_i}$,依次求出各点应力增量 $\Delta\sigma_{i实}$:

$$\Delta\sigma_{i实} = E \cdot \overline{\Delta\varepsilon_i}$$

把 $\Delta\sigma_{i实}$ 与理论计算公式算出的应力增量

$$\Delta\sigma_{i理} = \frac{\Delta M \cdot y_i}{I_z}$$

加以比较,从而验证理论计算公式的正确性,式中的 $\Delta M = 0.08\Delta F$。

四、实验步骤

1. 熟悉 BZ2008-A 静态电阻应变仪的操作方法。

2. 根据材料的屈服极限 $\sigma_s = 240$ MPa,拟订加载方案。最大弯曲正应力取材料的屈服极限 σ_s 的$(0.7 \sim 0.8)$,实验最大荷载为 $F_{max} \leqslant (0.7 \sim 0.8)\frac{bh^2}{3a}\sigma_s$,选初始荷载 $F_0 = 0.1F_{max}$,考虑力传感器的额定荷载为 500 kg,取 $F_0 = 100$ kg,$\Delta F = 50$ kg,$F_{max} = 200$ kg。采用增量法加载。

3.连接 BZ2008-A 静态电阻应变仪电源并开机,连接好力传感器并卸载,将应变仪预热 15 min。

4.按 1/4 桥接线法,将 5 个电阻应变片分别接入应变仪。为了减少接线,教师事先做好公共端,学生要注意找出公共端接入 A 接线柱,其他应变片引出线采用单臂接线的方式分别接入各点的 B 柱上。

5.对应变仪进行设置、平衡,力值清零。

6.按加载方案加载,用"手动"键读取各测点的应变值。

7.实验完毕,请指导教师检查原始实验数据。

8.将仪器、工具等恢复原状,清理现场。

五、实验注意事项

1.BZ2008-A 静态电阻应变仪的测力读数单位为 kg;最大加载力不能超过力传感器的额定值 500 kg。

2.力值清零时,只能按"确认"键,而不能用"增"键或"减"键将力值调整至零。

六、思考题

1.试分析实验结果与理论结果之间存在差别的各种原因。

2.如将钢梁改成混凝土梁,能否用胡克定律来计算理论值?

七、附:电测法基本原理

1.电阻应变片

电阻应变片由金属电阻丝往复绕成敏感栅用胶黏剂固定在绝缘基底上,两端加焊引出线,并加盖复盖层而成,其构造如图 2.21 所示。其电阻值多采用 $R = 120\ \Omega$,使用时将电阻应变片用专用胶水(如 502 胶水)牢固地粘贴在构件的表面上,若构件在该处沿电阻丝方向发生线变形,电阻丝也随之变形,从而引起电阻丝电阻值发生变化。实验结果表明,在一定应变范围内,电阻丝的电阻改变率 $\dfrac{\Delta R}{R}$ 与应变 $\varepsilon = \dfrac{\Delta l}{l}$ 成正比,即

$$\frac{\Delta R}{R} = k\varepsilon$$

式中　k——应变片的灵敏系数,它是电阻应变片的重要技术参数。k 的数值一般由制造厂家用实验的方法测定,并在成品上标明。

2.应变电桥

电阻应变片因随构件变形而发生的电阻变化 ΔR,通常用四臂电桥(惠斯顿电桥)来测量。如图 2.22 所示,图中 4 个桥臂 AB、BC、CD 和 DA 的电阻分别为 R_1、R_2、R_3 和 R_4。在对角节点 A、C 上接电压为 E_1 的直流电源后,另一对角节点 B、D 为电桥输出端,输出端电压为 U_{BD},且

$$U_{BD} = E_1 \times \frac{R_1 R_3 - R_2 R_4}{(R_1 + R_2)(R_3 + R_4)}$$

当电桥平衡时,$U_{BD} = 0$。由上式得电桥的平衡条件为

$$R_1 R_3 = R_2 R_4$$

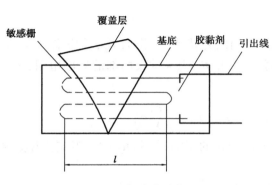

图 2.21 电阻应变片构造图

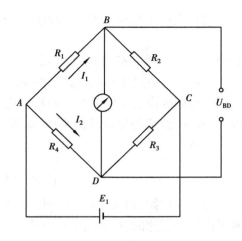

图 2.22 应变电桥示意图

（1）全桥测量电路

若电桥的 4 个臂 $R_1 \sim R_4$ 均为粘贴在构件上的电阻应变片,所构成的电桥称为全桥测量电路。构件受力后,电阻应变片的电阻变化为 $\Delta R_i(i=1,2,3,4)$,从而引起电桥输出端电压的变化。如果电桥的 4 个臂皆为相同的 4 枚电阻应变片,其初始电阻都相等,即 $R_1 = R_2 = R_3 = R_4 = R$,则输出端电压的变化为

$$\Delta U_{BD} = \frac{E_1}{4}\left(\frac{\Delta R_1}{R} - \frac{\Delta R_2}{R} + \frac{\Delta R_3}{R} - \frac{\Delta R_4}{R}\right)$$

根据上式,可写成

$$\Delta U_{BD} = \frac{kE_1}{4}(\varepsilon_1 - \varepsilon_2 + \varepsilon_3 - \varepsilon_4)$$

（2）半桥测量电路

若电桥的 4 个臂中只有 R_1 和 R_2 为粘贴在构件上的电阻应变片,其余两臂则为电阻应变仪内部的标准电阻,这种情况称为半桥测量电路。设电阻应变片的初始电阻 $R_1 = R_2 = R$。构件受力后,电阻应变片的电阻变化为 ΔR_1 和 ΔR_2,此时,由于 $\Delta R_3 = \Delta R_4 = 0$（即 $\varepsilon_3 = \varepsilon_4 = 0$）,则输出端电压的变化为

$$\Delta U_{BD} = \frac{kE_1}{4}(\varepsilon_1 - \varepsilon_2)$$

（3）1/4 桥测量电路

若电桥的 4 个臂中只有 R_1 为粘贴在构件上的电阻应变片,其余 3 个臂均为电阻应变仪内部的标准电阻,这种情况称为 1/4 桥测量电路。设电阻应变片的初始电阻 $R_1 = R_2 = R_3 = R$。构件受力后,电阻应变片的电阻变化为 ΔR_1 之和,此时,由于 $\Delta R_2 = \Delta R_3 = \Delta R_4 = 0$（即 $\varepsilon_2 = \varepsilon_3 = \varepsilon_4 = 0$）,则输出端电压的变化为

$$\Delta U_{BD} = \frac{kE_1}{4}\varepsilon_1$$

（4）温度补偿片

温度的变化对测量应变有着一定的影响,消除温度变化的影响可采用以下方法:实测时,

把粘贴在受载荷构件上的应变片作为 R_1，若温度发生变化，则应变为

$$\varepsilon_1 = \varepsilon_{1P} + \varepsilon_T$$

式中　ε_{1P}——因载荷引起的应变；

　　　ε_T——因温度变化引起的应变。

以相同的应变片粘贴在材料和温度都与构件相同的补偿块上，作为 R_2，其应变 $\varepsilon_2 = \varepsilon_T$。以 R_1 和 R_2 组成测量电桥的半桥，电桥的另外两臂 R_3 和 R_4 为测试仪内部的标准电阻，$\varepsilon_3 = \varepsilon_4 = 0$，则

$$\Delta U_{BD} = \frac{kE_1}{4}(\varepsilon_1 - \varepsilon_2) = \frac{kE_1}{4}(\varepsilon_{1P} + \varepsilon_T - \varepsilon_T) = \frac{kE_1}{4}\varepsilon_{1P}$$

由上式可知，利用这种方法可以有效地消除温度变化的影响，其中 R_2 的电阻应变片是用来平衡温度变化的，称为温度补偿片。

3. BZ2008-A 静态电阻应变仪工作原理及使用方法

电桥的作用是将应变片感受到的应变转变成为电压信号，但其信号较弱。电阻应变仪可以将微弱的电压信号放大，然后用应变量表示出来（还具有测力功能）。电阻应变仪按应变的频率分为静态电阻应变仪、静动态电阻应变仪、动态电阻应变仪和超动态电阻应变仪。静态电阻应变仪适于静载下的应变测量。

电阻应变仪的工作原理可用图 2.23 所示方框图表示。

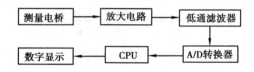

图 2.23　电阻应变仪工作原理图

电阻应变仪最终将测得的应变用数字显示出来，显示出的数字的单位是微应变，即 $1~\mu\varepsilon = 10^{-6}$，且正值为拉应变，负值为压应变。

电阻应变仪上的读数值不一定刚好就是所测点的应变值，只有在单臂接线时读数值才等于所测点的应变值。读数值与所测点的应变值之间的关系与构件变形、应变片个数及粘贴位置、电桥接法有关。有时为了提高测量灵敏度，消除温度和偏心荷载等所带来的误差，常常贴几个应变片并采用半桥或全桥连接。表 2.1 列出了几种电桥的接法及读数值 ε_r 与须测应变 ε 的关系。

测量电桥的接法可通过 BZ2008-A 静态电阻应变仪盖板（图 2.24）下的接线柱来实现，盖板下同时可接 10 个电桥（同时可测 10 个测点的应变）。每个点有 A,B,C,D 4 个接线柱，其中 B 和 C、C 和 D、D 和 A 两端内部均为 120 Ω 标准电阻，在 1/4 桥测量时内部电阻全部连接，半桥测量时 C 和 D、D 和 A 两端电阻全部连接，全桥测量时所有内部电阻全部断开。当设置 "$S_1 = 10$"，10 个测点均为 1/4 桥测量；当设置 "$S_1 = 0, S_2 = 10$"，10 个测点均为半桥测量；当设置 "$S_1 = 0, S_2 = 0$"，10 个测点均为全桥测量。

BZ2008-A 静态电阻应变仪的面板如图 2.25 所示，上面有两个数字显示区，分别为应变读数区、测力显示区。读数区下面的按键可进行设置、修改、平衡、手动和自动测量等。

表 2.1　测量电桥的几种接法

构件变形	需测应变 ε	应变片粘贴位置	电桥接法	读数值 ε_r 与需测应变 ε 的关系
弯曲	弯曲	R_1、R_2	R_1 B R_2　A—C	$\varepsilon_r = 2\varepsilon$
		R_1、R_2	R_1 B R_2　A—C	$\varepsilon_r = (1+\mu)\varepsilon$
扭转	扭转主应变	R_2 R_1	R_1 B R_2　A—C	$\varepsilon_r = 2\varepsilon$
扭弯组合	扭转主应变	R_2 R_1 / R_3 R_4	R_1 B R_2　A R_4 D R_3 C	$\varepsilon_r = 4\varepsilon$
	弯曲	R_2 / R_1	R_1 B R_2　A—C	$\varepsilon_r = 2\varepsilon$

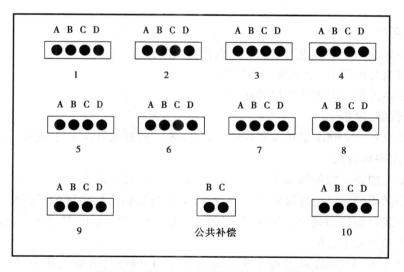

图 2.24　BZ2008-A 静态电阻应变仪盖板

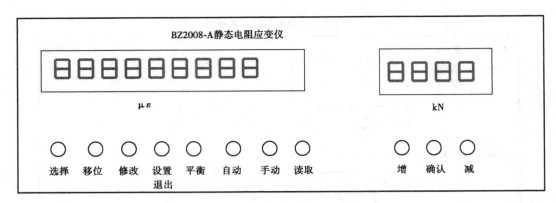

图 2.25　BZ2008-A 静态电阻应变仪面板

BZ2008-A 静态电阻应变仪的使用方法：

（1）连接电源线，将测力输入插头与力传感器连接，打开电源开关（在背板上），预热 15 min。

（2）在面板上按要求连接电桥。

（3）按"设置/退出"键进入设置状态，"移位"键移动闪烁位，"修改"键修改闪烁位。按"选择"键保存当前项的设定值，进入下一项设置；设置完毕，按"设置/退出"键保存设定值，退出设置状态。

（4）按"平衡"键，使电桥上 $U_{BD} = 0$。

（5）在力传感器受力前，按"确认"键将力值读数区清零。

（6）加载后，记下某一测点的应变值，按"手动"，记下另一测点应变值，依次操作。

实验五　弯扭组合变形的主应力和内力的电测实验

一、实验目的

1. 用实验方法测定平面应力状态下一点处的主应力。

2. 在弯扭组合作用下，用电测法单独测量弯矩和扭矩。

3. 进一步熟悉使用电阻应变仪的测量方法。

二、实验仪器、设备

简易加载设备（BZ8001 多功能实验台）、BZ2008-A 静态电阻应变仪、游标卡尺、钢板尺。

三、实验原理和方法

弯扭实验的加载装置如图 2.26 所示。弯扭试样（为无缝钢管）的一端固定在机架上，另一端在垂直于轴线的方向上连接扇形加力架，由钢丝绳绕扇形加力架的圆弧槽与加载系统相连。加载和卸载由旋转加载手轮实现，荷载的大小由力传感器送出，经放大后显示。

1. 确定主应力和主方向

在弯扭组合下，圆管的 m 点处于平面应力状态，且属于二向应力状态，但主应力方向未知。实测时由 a, b, c 3 枚应变片组成直角应变花［图 2.27（a）］，并把它粘贴至圆管固定端附近的上表面点 m，选定如图所示的坐标轴［图 2.27（b）］，则 a, b, c 3 枚应变片的 α 角分别为 $-45°, 0°, 45°$，然后测得 3 个特定方向的应变值 $\varepsilon_{-45°}, \varepsilon_{0°}, \varepsilon_{45°}$。

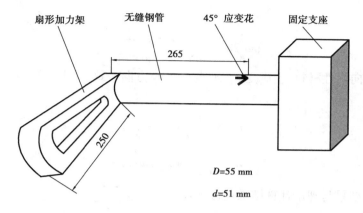

图2.26　弯扭实验加载装置

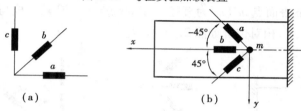

图2.27　二向应力状态应变实测图

由应变分析可知

$$\varepsilon_\alpha = \frac{\varepsilon_x + \varepsilon_y}{2} + \frac{\varepsilon_x - \varepsilon_y}{2}\cos 2\alpha - \frac{1}{2}\gamma_{xy}\sin 2\alpha$$

主应变为

$$\left.\begin{array}{c}\varepsilon_1\\\varepsilon_2\end{array}\right\} = \frac{\varepsilon_x + \varepsilon_y}{2} \pm \frac{1}{2}\sqrt{(\varepsilon_x - \varepsilon_y)^2 + \gamma_{xy}^2}$$

3个特定方向的应变 $\varepsilon_{-45°}, \varepsilon_{0°}, \varepsilon_{45°}$ 分别为

$$\varepsilon_{-45°} = \frac{\varepsilon_x + \varepsilon_y}{2} + \frac{\gamma_{xy}}{2}$$

$$\varepsilon_{0°} = \varepsilon_x$$

$$\varepsilon_{45°} = \frac{\varepsilon_x + \varepsilon_y}{2} - \frac{\gamma_{xy}}{2}$$

由以上3式解得

$$\varepsilon_x = \varepsilon_{0°}$$

$$\varepsilon_y = \varepsilon_{45°} + \varepsilon_{-45°} - \varepsilon_{0°}$$

$$\gamma_{xy} = \varepsilon_{-45°} - \varepsilon_{45°}$$

主应变与3个特定方向的应变 $\varepsilon_{-45°}, \varepsilon_{0°}, \varepsilon_{45°}$ 关系为

$$\left.\begin{array}{c}\varepsilon_1\\\varepsilon_2\end{array}\right\} = \frac{\varepsilon_{-45°} + \varepsilon_{45°}}{2} \pm \frac{\sqrt{2}}{2}\sqrt{(\varepsilon_{-45°} - \varepsilon_{0°})^2 + (\varepsilon_{45°} - \varepsilon_{0°})^2}$$

主方向为

$$\tan 2\alpha_0 = \frac{\varepsilon_{45°} - \varepsilon_{-45°}}{2\varepsilon_{0°} - \varepsilon_{-45°} - \varepsilon_{45°}}$$

对线弹性各向同性材料,主应变 ε_1、ε_2 与 σ_1、σ_2 方向一致,并由广义胡克定律可求出主应力为

$$\sigma_1 = \frac{E}{1-\nu^2}(\varepsilon_1 + \nu\varepsilon_2)$$

$$\sigma_2 = \frac{E}{1-\nu^2}(\varepsilon_2 + \nu\varepsilon_1)$$

最后将实测结果与理论计算结果进行比较。

2. 测定弯矩

在靠近固定端的下表面点 m'(m' 为直径 mm' 的端点)上,粘贴一枚与 m 点相同的应变花,其 3 枚应变片为 a',b',c',相对位置如图 2.28 所示。

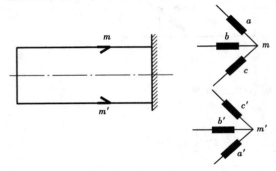

图 2.28　实测弯矩点相对应位置图　　　　　图 2.29　半桥接线图

圆管虽为弯扭组合,但 m 和 m' 两点沿 x 方向只有因弯曲引起的拉伸和压缩应变,且两者数值相等符号相反。因此,将 m 点的应变片 b 与 m' 点的应变片 b' 按图 2.29 半桥接线,得

$$\varepsilon_{r1} = (\varepsilon_b + \varepsilon_T) - (-\varepsilon_b + \varepsilon_T) = 2\varepsilon_b$$

式中　ε_T——温度应变;

　　　ε_b——m 点因弯曲引起的应变。

因此求得最大弯曲应力为

$$\sigma = E\varepsilon_b = \frac{E\varepsilon_{r1}}{2}$$

还可由下式计算最大弯曲应力,即

$$\sigma = \frac{M}{W}$$

令以上两式相等,便可求得弯矩为

$$M = \frac{EW}{2}\varepsilon_{r1}$$

最后将实测结果与理论计算结果进行比较。

3. 测定扭矩

当圆管受纯扭转时,m 点的应变片 a 和 c 以及 m' 点的应变片 a' 和 c' 都沿主应力方向。又

因主应力 σ_1 和 σ_2 数值相等符号相反,故 4 枚应变片的应变绝对值相同,且 ε_a 与 $\varepsilon_{a'}$ 同号,与 ε_c、$\varepsilon_{c'}$ 异号。如按图 2.30 全桥接线,则

$$\varepsilon_r = \varepsilon_a - \varepsilon_c + \varepsilon_{a'} - \varepsilon_{c'}$$
$$= \varepsilon_1 - (-\varepsilon_1) + \varepsilon_1 - (-\varepsilon_1) = 4\varepsilon_1$$
$$\varepsilon_1 = \frac{\varepsilon_r}{4}$$

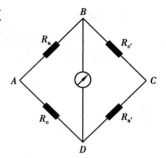

图 2.30　全桥接线图

这里,ε_1 即扭转时主应变,再由广义胡克定律得出

$$\sigma_1 = \frac{E}{1-\mu^2}(\varepsilon_1 + \mu\varepsilon_2) = \frac{E}{1-\mu^2}[\varepsilon_1 + \mu(-\varepsilon_1)]$$
$$= \frac{E}{4(1+\mu)}\varepsilon_r$$

还因扭转时主应力 σ_1 与切应力 τ 相等,故有

$$\sigma_1 = \tau = \frac{T}{W_t}$$

由以上两式不难求得扭矩 T 为

$$T = \frac{EW_t}{4(1+\mu)}\varepsilon_r = \frac{E\varepsilon_r}{4(1+\mu)} \cdot \frac{\pi(D^2-d^2)}{16D}$$

最后将实测结果与理论计算结果进行比较。

四、实验步骤

1. 试件准备。

(1)在测点 m 和 m' 上粘贴应变花,并把应变花和温度补偿片的引线接入静态电阻应变仪。此步骤由专人预先完成。

(2)测量或了解试件的尺寸 D、d、力臂长度,了解试件材料的弹性模量 E 值及泊松比 ν 值。

2. 拟订加载方案。采用增量法,根据试件的材料、尺寸,选取适宜的等增量 ΔF,最大载荷不大于 600 N。

3. 按实验四方法接线测主应力和主方向。

4. 在试件没有受力的情况下,对数字测力仪调零,用静态电阻应变仪对需要测定的各测点进行平衡。

5. 预加小量载荷,然后卸载,检查各设备是否处于正常状态。

6. 缓慢均匀加载,对应每一级载荷,从电阻应变仪中读出各测点的应变值,直至加到最终载荷。

7. 按半桥接线及步骤 4~6 测弯矩。

8. 按全桥接线及步骤 4~6 测扭矩。

9. 将仪器、工具等恢复原状,清理现场。

五、实验注意事项

1. 本实验为综合性实验,既有实测,又有理论分析,因此在实验前应吃透平面状态的应力应变关系。

2. 加载时旋转手柄应缓慢,保持平稳加载。

六、思考题

1. 在所做过的电测实验中,用到过几种电桥接法,各有何特点?

2. 实测结果与理论计算结果比较后存在的误差,主要由哪些原因造成?

第二节　选修实验

实验一　材料弹性模量 E 和泊松比 ν 的测定实验

一、实验目的

1. 用电测法测量低碳钢的弹性模量 E 和泊松比 ν。

2. 在弹性范围内验证胡克定律。

二、实验仪器、设备

简易加载设备(BZ8001 多功能实验台)、BZ2008-A 静态电阻应变仪、矩形截面低碳钢拉伸试件、游标卡尺。

三、实验原理和方法

1. 测定弹性模量 E

测定材料的弹性模量 E,通常采用比例极限内的拉伸实验。材料在比例极限内服从胡克定律,其关系式为

$$\sigma = E \cdot \varepsilon = \frac{F}{A_0}$$

由此可算出弹性模量 E

$$E = \frac{F}{\varepsilon \cdot A_0} = \frac{\Delta F}{\Delta \varepsilon \cdot A_0}$$

式中　E——弹性模量;

　　　F——载荷;

　　　A_0——试样的截面积;

　　　ε——应变;

　　　ΔF 和 $\Delta \varepsilon$——载荷和应变的增量。

实验方法如图 2.31 所示,采用矩形截面的拉伸试件,在试件上沿轴向和垂直于轴向的两面各贴两枚电阻应变片,可以用半桥和全桥两种方式进行实验。

(1)半桥接法:把试件上沿轴向两枚应变片 R_1 和 R_3 采用图 2.32(a)所示串联的方式接在应变仪的 A,B 接线端上,将两枚温度补偿片也用串联的方式接到应变仪的 B,C 接线端上,然后给试件缓慢加载,通过电阻应变仪即可测出对应载荷下的应变值 ε,且 $\varepsilon = \varepsilon_\text{r}$。将实际测得的值代入上式中,即可求得弹性模量 E 的值。

(2)全桥接法:把两片轴向的应变片和两片温度补偿片按图 2.32(b)所示的接法接入应变仪的 A,B,C,D 接线柱中,然后给试件缓慢加载,通过电阻应变仪读出对应载荷下的轴向应

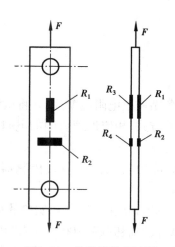

图 2.31　拉伸试件实验图

变读数值 ε_r。应变读数值 ε_r 与轴向应变值 ε 的关系为

$$\varepsilon = \frac{1}{2}\varepsilon_r$$

将 ε 值代入上式中,即可求得弹性模量 E 的值。

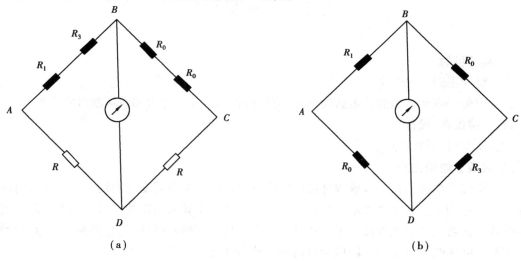

图 2.32　半桥接法和全桥接法图

在实验中,为了尽可能地减少测量误差,一般采用等增量加载法逐级加载,分别测得各相同载荷增量 ΔF 作用下产生的应变增量 $\Delta \varepsilon$,并求出 $\Delta \varepsilon$ 的平均值,这样 E 的计算式可以写成

$$E = \frac{\overline{\Delta F}}{\overline{\Delta \varepsilon} \cdot A_0}$$

等量加载法可以验证力与变形间的线性关系。若各级载荷的增量 ΔF 均相等,相应的由应变仪读出的应变增量 $\Delta \varepsilon$ 也应大致相等,这就验证了胡克定律。

2. 测定泊松比 ν

受拉试件的轴向伸长,必然引起横向收缩。在弹性范围内,横向线应变 ε 和轴向应变 ε'(用上述方法测量)的比值为一常数,其比值绝对值为材料的泊松比 ν,即

$$\nu = \left| \frac{\varepsilon'}{\varepsilon} \right|$$

四、实验步骤

1. 测量试件的尺寸。

2. 在试件两面的轴向和横向各贴一枚电阻应变片,并将试件安装在多功能实验台上。

3. 根据采用半桥或全桥的实验方式,相应地把要测的电阻应变片和温度补偿片接在静态电阻应变仪的 A,B,C,D 接线柱上。

4. 打开静态电阻应变仪电源,测力输入插头与力传感器连接,预热 15 min,进行设定、平衡。

5. 根据材料的屈服强度 σ_s 估算出相应的 F_s,使得实验的最大载荷不超过 F_s。

6. 实验采用手动加载,先对试件预加初载荷 100 N 左右(用以消除连接间隙等初始因素的影响),按下应变仪面板上的"确定"按钮(调零),然后分级递增相等的载荷 $\Delta P = 100$ N,分 4~5级进行实验加载。每级加载后记录下应变仪上相应的读数,并算出每级读数的增量 $\Delta\varepsilon$,看其是否接近。实验至少进行两次,取线性较好的一组作为本次实验的数据。

7. 将仪器、工具等恢复原状,清理现场。

实验二　冲击实验

一、实验目的

1. 了解冲击韧性的含义。

2. 测定低碳钢和铸铁的冲击韧性,比较两种材料的抗冲击能力和破坏断口的形貌。

二、实验仪器、设备

冲击实验机、游标卡尺。

三、实验原理和方法

冲击荷载是指荷载在与承载构件接触的瞬时内速度发生急剧变化的情况。衡量材料抗冲击能力的指标用冲击韧性来表示。冲击韧性是通过冲击实验来测定的。虽然实验中测定的冲击韧性或冲击吸收功不能直接用于工程计算,但可以作为判断材料脆化趋势的一个定性指标,因而工程实际中经常以实验手段检测材料的抗冲击性能。

测定冲击韧性的实验方法有多种。国际上大多数国家所使用的常规实验为简支梁式的冲击弯曲实验。由于冲击实验受到多种内在和外界因素的影响,要想正确反映材料的冲击特性,必须使冲击实验方法和设备标准化、规范化,为此我国制定了金属材料冲击实验的一系列国家标准。现介绍国家标准《金属夏比缺口冲击试验方法》(GB/T 229—2007)测定冲击韧性。

若冲击试样的类型和尺寸不同,则得出的实验结果不能直接比较和换算。本次实验采用 U 形缺口冲击试样。其尺寸及偏差应根据《金属夏比缺口冲击试验方法》规定(图 2.33)。加工缺口试样时,应严格控制其形状、尺寸精度以及表面粗糙度。试样缺口底部应光滑、无与缺口轴线平行的明显划痕。

冲击实验机是测定材料冲击韧性的专用设备。按冲击方式可分为落锤式、摆锤式和回转圆盘式冲击实验机。应用最广泛的是摆锤式冲击实验机。摆锤式冲击实验机原理如图 2.34

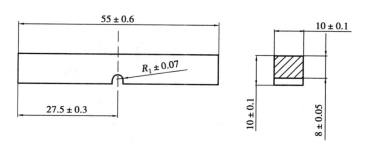

图2.33 U形缺口冲击试样尺寸及偏差

所示。它是利用摆锤冲击试件前后的能量差,来确定冲断该试件所消耗的功 W,亦为冲击中试样所吸收的功 A_k,该冲击功 A_k 通常可从实验机的度盘上直接读取。设摆锤质量为 G,则有

$$A_k = W = G(H_0 - H_1)$$

由于试样缺口处高度应力集中,因此冲击功 A_k 的绝大部分被缺口局部吸收。冲击功 A_k 与试样缺口的最小横截面面积 A_0 的比值,定义为冲击韧性 a_k,即

$$a_k = \frac{A_k}{A_0}$$

a_k 的单位为 J/cm^2。

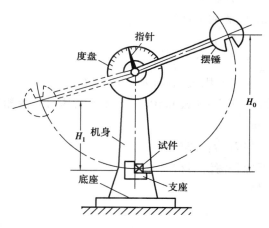

图2.34 摆锤式冲击实验机

四、实验步骤

1. 测量试样的几何尺寸及缺口处的横截面尺寸。

2. 让摆锤自由下锤,使被动指针紧靠主动指针。然后举起摆锤空打,若被动指针不能指零,应调整指零。

3. 安装试样,使缺口对称处于支座跨度中点,如图2.35所示。

4. 进行实验。将摆锤举起到高度为 H 处并锁住,然后释放摆锤,冲断试样后,待摆锤扬起到最大高度,再回落时,立即刹车,使摆锤停住。

5. 记录表盘上所示的冲击功 A_k 值。取下试样,观察断口。

6. 实验完毕,将实验机复原。

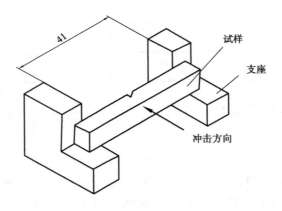

图 2.35　试样安装图

实验三　应变片粘贴实验

一、实验目的

1. 初步掌握常温电阻应变片粘贴技术。

2. 初步掌握贴片所用的仪器和工具的使用方法。

二、实验设备及器材

1. 等强度梁试样。

2. 静态电阻应变仪、数字式万用表、低压兆欧表等仪器。

3. 常温用电阻应变片(每人 2~3 枚)、502 快干胶(氰基丙烯酸酯胶黏剂)、连接和测量用导线、接线端子片、透明胶布。

4. 松香、焊锡丝、砂纸、剪刀、剥线钳等工具。

5. 无水乙醇或丙酮、药棉等清洗器材。

6. 硅橡胶密封剂或石蜡。

三、实验方法和步骤

1. 筛选应变片

在确定采用哪种类型的应变片后,用肉眼或放大镜检查丝栅是否平行,引出线有无折断,基底有无破损,有无霉点、锈点等。用数字式万用表测量各应变片电阻值,选择电阻值差在 ±0.5 Ω内的应变片供粘贴用。

2. 试样表面的清洁处理

为使应变片与被测试件贴得牢固,要对试样表面进行清洁处理。首先用砂纸打磨试样表面,使测点表面平整并使表面粗糙度 Ra 达到 1.6。然后用棉花球蘸丙酮擦洗表面的油污,直到棉花球不黑为止;若表面过于光滑,则用细砂纸打出与应变片成 45°的交叉纹路。表面处理后用划针沿贴片方向划出定位线。如果打磨好的表面暂时不贴片,可以涂凡士林等防止氧化。

如果测量对象为混凝土构件,则须用喷浆方法把表面垫平。然后同样进行表面打磨、清洗等工作。此外,在贴片部位,还得先涂一层隔潮层,可采用环氧树脂胶或用铝箔纸,应变片就贴于隔潮底层上。

3. 粘贴应变片

用镊子(或用手)捏住应变片的引出线,在应变片基底底面上和试样贴片处涂抹一层薄薄的 502 胶黏剂后,立即对准划出的定位线将应变片基底面向下平放在试件贴片处,将一小片塑料薄膜盖在应变片上,用手指滚压挤出多余的胶黏剂和气泡。手指保持不动约 1 min,使应变片和试件完全黏合后再放开,从应变片无引出线的一端向另一端轻轻揭掉塑料薄膜,用力方向尽量与粘贴表面平行,以防将应变片带起。值得指出的是黏结剂不要用得过多或过少,过多使胶层太厚影响应变片性能,过少则黏结不牢,不能准确传递应变。

若构件为混凝土构件,则先将构件上贴片处的表面刷去灰浆和浮尘,用丙酮清洗干净。然后用 914 胶(或 102 胶)涂刷测点表面,面积约为应变片面积的 5 倍。914 胶由两种成分调配而成,A 为树脂,B 为固化剂,按质量 A∶B = 2∶1。调配后需在 5 min 内使用,否则就会凝固。涂刷时随时用铲刀刮平,待初凝后无须再刮。若用 102 胶,比例为 1∶1 配置。操作同上。对底层这样处理后,可以防水且平整,易于贴片。约一昼夜以后,胶已固化,用砂布打磨光滑平整,并用直尺和划针划出易见的贴片方位。用脱脂棉、无水乙醇将打磨过的表面洗干净,并用棉球沿一个方向擦干,最后用 502 胶水将混凝土应变片贴在构件上。此外还应注意,手指不要被 502 胶粘住,如被粘上可用丙酮泡洗干净。

4. 粘贴质量检查

首先,用万用表检查应变片的电阻值,看有无断路现象,因为粘贴过程中可能使丝栅被弄断。其次,用万用表检查引线与试样间的电阻,查看有无短路现象,因为基底的破损可能使丝栅或引出线的根部与试样表面接触。再次,检查贴片方位是否正确,如果方位不正确,会导致较大的测试误差。最后,还应检查有无气泡、翘曲等,如有气泡、翘曲将会影响应变的传递。当检查到不合格的应变片时,应当重新贴片。

5. 应变片的固化

应变片粘贴好后应有足够的黏结强度以保证与试样共同变形。此外,应变片和试样间应有一定的绝缘度,以保证应变读数的稳定。为此,在贴好片后就需要进行固化处理,处理方法可以是自然固化或人工固化。如气温在 20 ℃ 以上,相对湿度在 55% 左右,用 502 胶水粘贴,采用自然固化即可。人工固化可用红外线灯或电吹风进行加热干燥,烘烤时应适当控制距离,注意应变片的温度不得超过其允许的最高工作温度,以防应变片基底被烘焦损坏。

6. 导线的焊接与固定

应变片和应变仪之间用导线连接。需根据环境与实验的要求选用导线。通常静应变测定用双蕊多股铜导线。在有强电磁干扰及动应变测量时,需用屏蔽线。焊接导线前,先用万用电表检查导线有否断路,然后在每根导线的两端贴上同样的号码标签,避免测点多造成差错。在应变片引出线下贴上胶带纸,以免应变片引出线与被测试件(如被测试件是导电体)接触造成短路。然后把导线与应变片引线焊接在一起,焊接时注意防止假焊。焊完后用万用电表在导线另一端检查是否接通。

在导线被拉动时,为防止应变片引出线被拉坏,可使用接线端子。接线端子相当于接线柱,使用时先用胶水把它粘在应变片引出线前端,然后把应变片引出线及导线分别焊于接线端子的两端,以保护应变片,如图 2.36 所示。另一种固定方法是用胶带缠贴在连接处,再将测量导线用胶带固定在试样上,然后用烙铁将应变片的引出线与测量导线锡焊。

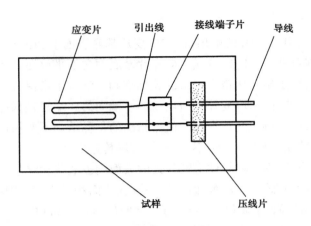

应变片　　　引出线　　　接线端子片　　　导线

试样　　　　　　　　　　压线片

图 2.36　导线焊接示意图

7.应变片的防潮处理

应变片胶层干燥及导线焊好后,应及时涂上防护层,防止大气中的水分或其他介质侵入,最简单的方法是将硅橡胶密封剂(南大 703 胶)或石蜡涂在应变片区域表面作为防潮层,其室内有效期为 1~2 年。

四、实验注意事项

1.贴应变片时要看清楚基底面才能涂胶黏剂粘贴,若贴反,将导致短路。

2.用无水乙醇或丙酮浸润棉球擦洗试样时,应将棉球挤干,沿一个方向擦洗,还应注意节约使用原材料,不得浪费。

3.先将应变片的引出线焊在接线端子上,然后将导线的一端焊在端子上;也可以先对导线的裸出段(2~3 mm)上锡后再与引出线焊接,已焊好的导线应及时用胶带固定在试样上。

4.实验完成后,应将所使用的仪表、器材整理、清点后归还实验室,并清扫贴片现场。

五、思考题

1.简述贴片、接线、检查等主要实验步骤。

2.画出布线图和编号图。

实验四　压杆临界压力的测定实验

一、实验目的

1.观察压杆的失稳现象。

2.测定二端铰支压杆的临界压力 P_{cr},观察低碳钢和铸铁在拉伸过程中的各种现象。

二、实验仪器、设备

简易加载设备(BZ8001 多功能实验台)、百分表、磁性表座、静态电阻应变仪、游标卡尺、钢板尺。

三、实验原理和方法

图 2.37(a)为两端铰支的压杆稳定实验装置。其力学简图如图 2.37(b)所示。

由材料力学可知,两端铰支细长压杆的临界载荷可由欧拉公式求得

$$P_{cr} = \frac{\pi^2 EI}{l^2}$$

式中　E——材料的弹性模量；

　　　I——压杆截面的最小惯性矩；

　　　l——压杆的长度。

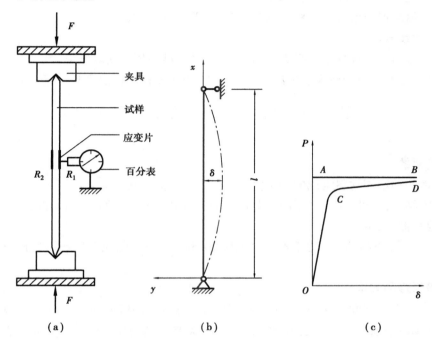

图 2.37　两端铰支的压杆稳定实验装置、力学简图及理想压杆 P-δ 曲线

对于理想压杆,当压力 P 小于临界力 P_{cr} 时,压杆的直线平衡是稳定的,压力 P 与压杆中点的挠度 δ 的关系如图 2.37(c)中的直线 OA。当压力达到临界压力 P_{cr} 时,按照小挠度理论,P 与 δ 的关系是图中的水平线 AB。实际的压杆难免有初曲率,在压力偏心及材料不均匀等因素的影响下,使得 P 远小于 P_{cr} 时,压杆便出现弯曲。但这一阶段的挠度 δ 不很明显,且随 P 的增加而缓慢增长,如图 2.37(c)中的 OC 曲线。当 P 接近 P_{cr} 时,δ 急剧增大,为图中的 CD 曲线。它以直线 AB 为渐近线。因此,根据实际测出的 P-δ 曲线图,由 CD 的渐近线即可确定压杆的临界载荷 P_{cr}。

压杆中点的挠度 δ 可以通过百分表来测量,也可以通过贴在压杆中点两侧的电阻应变片来测量。

四、实验步骤

1. 测量试样长度 l,横截面尺寸(取试样上、中、下 3 处的平均值)。计算最小惯性矩 I_0。

2. 将试样置于材料实验机的 V 形支座中,两端相当于铰支情况,注意使压力通过试样的轴线。

3. 在试样长度中点的侧面安装百分表,并将百分表调至量程一半左右,记下初读数。或将试样中点两侧的电阻应变片接成半桥,连入电阻应变仪。

4.缓慢加载,每增加一级载荷,读取相应的挠度 δ,当 δ 出现明显的变化时,实验即可终止,卸去载荷。

5.根据实验测得的试样载荷和挠度(或应变)系列数据,绘出 $P\text{-}\delta$ 曲线或 $P\text{-}\varepsilon$ 曲线,据此确定临界载荷 P_{cr}。

6.根据欧拉公式,计算临界载荷的理论值。

7.将实测值和理论值进行比较,计算出相对误差并分析讨论。

五、实验注意事项

1.注意实验前使压杆尽量不受力,以防止存在预荷载而影响实验结果。

2.给试样加载,当出现较大变形时应及时停机,防止压杆试样出现塑性变形而损坏。

实验五 胶接叠合梁的应力实验

一、实验目的

1.测定由两种不同材料组成的胶接叠合梁正应力的分布规律。

2.由实验结果探索胶接叠合梁的弯曲正应力计算公式并与实验结果作比较。

二、实验仪器、设备

简易加载设备(BZ8001 多功能实验台)、BZ2008-A 静态电阻应变仪、胶接叠合梁、游标卡尺、钢板尺。

三、实验原理和方法

胶接叠合梁由横截面为 $b \times h_1 = 20 \text{ mm} \times 20 \text{ mm}$ 的铝合金和 $b \times h_1 = 20 \text{ mm} \times 20 \text{ mm}$ 的 45 号钢,用胶黏剂胶结而成。如图 2.38 所示,在中间截面上,沿截面高度前、后面各布置 6 枚平行于梁轴线的应变片,梁顶面与底面各贴一枚应变片,共计 14 枚应变片,应变片的间距如图所示。应变片的顶面编号为"1",前面编号为"2~7",背面编号为"2'~7'",底面编号为"8"。

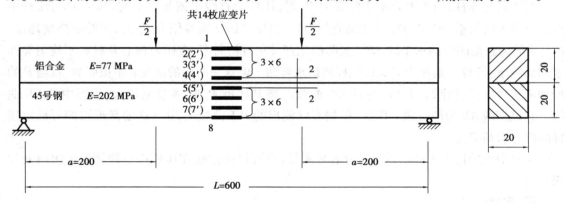

图 2.38 胶接叠合梁尺寸及应变片位置图

加载方法:初始荷载为 1 000 N,载荷增量 600 N,最大载荷 4 000 N 分五级等增量加载分别测量各点应变;应变仪桥路为 1/4 桥路接线。

按上述加载方案分别测出各测点应变,然后计算 $\Delta F = 600$ N 时,各测点的增量应变 $\Delta\varepsilon_i$,$\Delta\varepsilon_8$,对于 2,3,4,5,6,7 测点应取前后应变的平均值,如 $\Delta\varepsilon_2 = \dfrac{\Delta\varepsilon_2' + \Delta\varepsilon_2''}{2}$。

四、实验步骤

按矩形截面梁纯弯曲实验的步骤进行操作,并参照其实验报告格式自行绘制原始数据表并如实记录原始数据。

五、实验要求

1. 求出实验梁中性轴的位置。

2. 进行理论探讨,求出应力沿两种材料分布的解析表达式(包括中性轴位置的计算公式)。

3. 把解析解的结果与实测值比较,计算 1,2(2′),7(7′),8,四点的误差和中性轴理论值和实测值的误差(误差较大时应讨论其原因或对解析解进行修正)。

4. 实验总结或体会。

实验六 自由叠合梁应力、应变测定实验

一、实验目的

1. 测定同种材料纯弯曲梁自由叠合时横截面上的正应力。

2. 由实验结果得出横截面上的正应力分布规律并与单体梁进行比较。

二、实验仪器、设备

简易加载设备(BZ8001 多功能实验台)、BZ2008-A 静态电阻应变仪、方形截面同材无粘接自由叠合梁、游标卡尺、钢板尺。

三、实验原理和方法

叠合梁在工程实际中应用不少,最典型的实例有汽车和火车上的叠板梁(相同材料叠放),铁路上钢轨—轨枕—道碴床(不同材料叠放)。最为常见的是两层叠合。叠合梁的结合方式各式各样,接触面的摩擦系数也随材料而异,因而其力学行为也千差万别。正确认识这些差别、掌握其规律性、合理运用这一结构形式,有较大的工程实际意义。通过本实验可进行一些有益的尝试和探索。

自由叠合梁由两根同品种钢梁自有叠合在一起,横截面尺寸分别为 $b \times h_1 = 20 \text{ mm} \times 20 \text{ mm}$ 和 $b \times h_1 = 20 \text{ mm} \times 20 \text{ mm}$。实验中,在中间截面上,沿截面高度前、后面各布置 6 枚平行于梁轴线的应变片,梁顶面与底面各贴 1 枚应变片,共计 14 枚应变片,应变片的间距如图 2.39 所示。应变片的顶面编号为"1",前面编号为"2 ~ 7",背面编号为"2′ ~ 7′",底面编号为"8"。

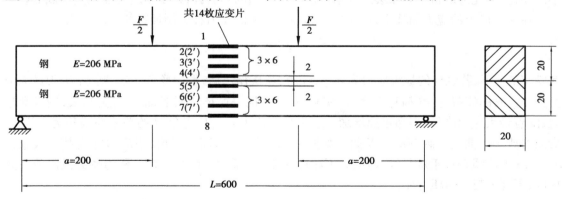

图 2.39 自由叠合梁尺寸及应变片位置图

加载方法:初始荷载为 1 000 N,载荷增量 600 N,最大载荷 4 000 N 分五级等增量加载分别测量各点应变;应变仪桥路为 1/4 桥路接线。

按上述加载方案分别测出各测点应变,然后计算 $\Delta F = 600$ N 时,各测点的增量应变 $\Delta \varepsilon_i$,$\Delta \varepsilon_8$,对于 2,3,4,5,6,7 测点应取前后应变的平均值,如 $\Delta \varepsilon_2 = \dfrac{\Delta \varepsilon_2' + \Delta \varepsilon_2''}{2}$。

四、实验步骤

按矩形截面梁纯弯曲实验的步骤进行操作,并参照其实验报告自行绘制原始数据表并如实记录原始数据。

五、实验要求

1. 得出横截面上正应力分布规律并与单体梁进行比较。

2. 实验总结或体会。

实验七 疲劳实验

一、实验目的

1. 观察疲劳失效现象和断口特征。

2. 了解测定材料疲劳极限的方法。

二、实验仪器、设备

疲劳实验机、游标卡尺。

三、实验原理和方法

在足够大的交变应力作用下,于金属构件外形突变或表面刻痕或内部缺陷等部位,都可能因较大的应力集中引发微观裂纹。分散的微观裂纹经过集结沟通将形成宏观裂纹。已形成的宏观裂纹逐渐缓慢地扩展,构件横截面逐步削弱,当达到一定限度时,构件会突然断裂。金属因交变应力引起的上述失效现象,称为金属的疲劳。静载下塑性性能很好的材料,当承受交变应力时,往往在应力低于屈服极限没有明显塑性变形的情况下突然断裂。疲劳断口(图 2.40)明显地分为两个区域:较为光滑的裂纹扩展区和较为粗糙的断裂区。裂纹形成后,交变应力使裂纹的两侧时而张开时而闭合,相互挤压反复研磨,光滑区就是这样形成的。载荷的间断和大小的变化,在光滑区留下多条裂纹前沿线。至于粗糙的断裂区,则是最后突然断裂形成的。

在交变应力的应力循环中,最小应力和最大应力的比值称为循环特征或应力比。

$$r = \frac{\sigma_{\min}}{\sigma_{\max}}$$

在既定的 r 下,若试样的最大应力为 $\sigma_{\max}^1$,经历 N_1 次循环后,发生疲劳失效,则 N_1 称为最大应力为 $\sigma_{\max}^1$ 时的疲劳寿命(简称寿命)。实验表明,在同一循环特征下,最大应力越大,则寿命越短;随着最大应力降低,寿命迅速增加。表示最大应力 $\sigma_{\max}$ 与寿命 N 的关系曲线称为应力-寿命曲线或 S-N 曲线。碳钢的 S-N 曲线如图 2.41 所示。从图线看出,当应力降到某一极限值 σ_r 时,S-N 曲线趋近于水平线,即应力不超过 σ_r 时,寿命 N 可无限增大,称为疲劳极限或持久极限,下标 r 表示循环特征。

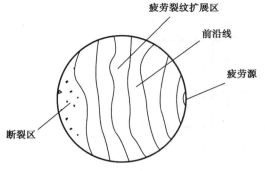

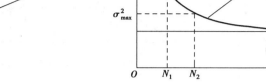

图 2.40 金属构件疲劳断口图   图 2.41 碳钢的 S-N 曲线

实验表明,黑色金属试样如经历 10^7 次循环仍未失效,则增加循环次数一般也不会失效。故可把 10^7 次循环下仍未失效的最大应力作为持久极限 σ_r。而把 $N_0 = 10^7$ 称为循环基数。有色金属的 S-N 曲线在 $N > 5 \times 10^8$ 时往往仍未趋于水平,通常规定一个循环基数 N_0,例如取 $N_0 = 10^8$,把它对应的最大应力作为"条件"持久极限。

工程问题中,有时根据零件寿命的要求,在规定的某一循环次数下,测出的 σ_{max},称为疲劳强度,它有别于上面定义的疲劳极限。

用旋转弯曲疲劳实验来测定对称循环的疲劳极限 σ_{-1},设备简单,最常使用。各类旋转弯曲疲劳实验机大同小异,这类实验机的原理示意图如图 2.42 所示。试样 1 的两端装入左右两个心轴后,旋紧左右两根螺杆。使试样与两个心轴组成一个承受弯曲的"整体梁",它支承于两端的滚珠轴承上。载荷 P 通过加力架作用于"梁"上,其受力简图及弯矩图如图 2.43 所示。

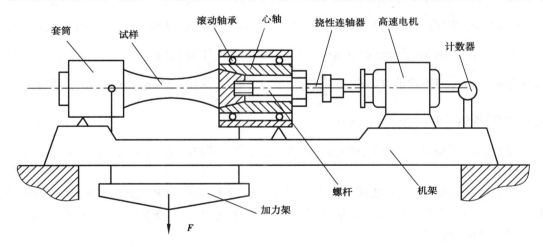

图 2.42 旋转弯曲疲劳实验机原理示意图

梁的中段(试样)为纯弯曲,且弯矩为 $M = \dfrac{1}{2}Fa$。"梁"由高速电机带动,在套筒中高速旋转,于是试样横截面上任意一点的弯曲正应力,皆为对称循环交变应力,若试样的最小直径为 d_{min},最小截面边缘上一点的最大和最小应力为

$$\sigma_{max} = \frac{Md_{min}}{2I}, \sigma_{min} = -\frac{Md_{min}}{2I}$$

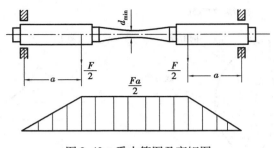

图 2.43　受力简图及弯矩图

式中 $I = \dfrac{\pi}{64}d_{\min}^4$。

试样每旋转一周,应力就完成一个循环。试样断裂后,套筒压迫停止开关使实验机自动停机。这时的循环次数可于计数器中读出。

这里介绍的单点实验法的依据是《金属室温旋转弯曲疲劳实验方法》(HB 5152—1996)标准。这种方法在试样数量受限制的情况下,可用以近似测定 S-N 曲线和粗略地估计疲劳极限。更精确地确定材料抗疲劳的性能应采用升降法。

单点实验法至少需要 8 ~ 10 根试样,第一根试样的最大应力约为 $\sigma_1 = (0.6 \sim 0.7)\sigma_b$,经 N_1 次循环后失效。取另一试样使最大应力 $\sigma_2 = (0.40 \sim 0.45)\sigma_b$,若其疲劳寿命 $N < 10^7$,则应降低应力再做。直至在 σ_2 作用下,$N_2 > 10^7$。这样,材料的持久极限 σ_{-1} 在 σ_1 与 σ_2 之间。在 σ_1 与 σ_2 之间插入 4 ~ 5 个等差应力水平,它们分别为 $\sigma_3, \sigma_4, \sigma_5, \sigma_6$,逐级递减进行实验,相应的寿命分别为 N_3, N_4, N_5, N_6。这就可能出现两种情况:

(1)与 σ_6 相应的 $N_6 < 10^7$,持久极限在 σ_2 与 σ_6 之间。这时取 $\sigma_{-1} = \dfrac{1}{2}(\sigma_2 + \sigma_6)$ 再试,若 $N_7 < 10^7$,且 $\sigma_7 - \sigma_2$ 小于控制精度 $\Delta\sigma^*$(关于 $\Delta\sigma^*$,将在下面说明),即 $\sigma_7 - \sigma_2 < \Delta\sigma^*$,则持久极限为 σ_7 与 σ_2 的平均值,即 $\sigma_{-1} = \dfrac{1}{2}(\sigma_2 + \sigma_7)$。若 $N_7 > 10^7$,且 $\sigma_6 - \sigma_7 \leqslant \Delta\sigma^*$,则 σ_{-1} 为 σ_7 与 σ_6 的平均值,即 $\sigma_{-1} = \dfrac{1}{2}(\sigma_6 + \sigma_7)$。

(2)与 σ_6 相应的 $N_6 > 10^7$,这时以 σ_6 和 σ_5 取代上述情况的 σ_2 和 σ_6,用相同的方法确定持久极限。

关于控制精度 $\Delta\sigma^*$,一般规定如下:疲劳极限在 100 ~ 200 MPa 时,$\Delta\sigma^*$ 取为 5 MPa;疲劳极限在 200 ~ 400 MPa 时,$\Delta\sigma^*$ 取为 10 MPa;疲劳极限在 100 ~ 200 MPa 时,$\Delta\sigma^*$ 取为 15 MPa。

四、试样的制备

同一批试样所用材料应为同一牌号和同一炉号,并要求质地均匀没有缺陷。疲劳强度与试样取料部位、锻压方向等有关,并受表面加工、热处理等工艺条件的影响较大。因此,试样取样应避免在型材端部,要取在同一锻压方向或纤维延伸方向。同一批试样热处理工艺相同。切削时应避免表面过热,引起较大残余应力。不能有周线方向的刀痕,试样的实验部位要磨削加工。过渡部位应有足够的过渡圆角半径。

圆弧形光滑小试样如图 2.44 所示,其最小直径为 7 ~ 10 mm,试样的其他外形尺寸因疲劳实验机不同而异,没有统一规定。

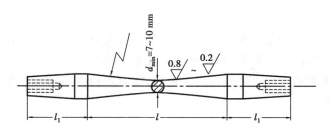

图 2.44 圆弧形光滑小试样

五、实验步骤

以 $M = \frac{1}{2}Fa$ 和 $I = \frac{\pi d_{\min}^4}{64}$ 可求得最小直径截面上的最大弯曲正应力为

$$\sigma = \frac{\frac{1}{2}Fa \cdot d_{\min}}{2 \cdot \frac{\pi d_{\min}^4}{64}} = \frac{16Fa}{\pi d_{\min}^3}$$

令 $K = \frac{\pi d_{\min}^3}{16a}$，则上式可改写成

$$F = K\sigma$$

K 称为加载乘数，它可根据实验机的尺寸 a 和试样的直径 $d_{\min}$ 事先算出，并制成表格。

在试样的应力 σ 确定后，便可计算出应施加的载荷 F。载荷中包括套筒、砝码盘和加力架的质量 G，所以，应加砝码的质量实为

$$P' = P - G = K\sigma - G$$

现将实验步骤简述如下：

1. 测量试样最小直径 $d_{\min}$。

2. 计算或查出 K 值。

3. 根据确定的应力水平 σ，计算应加砝码的质量 P'。

4. 将试样安装于套筒上，拧紧两根连接螺杆，使之与试样成为一个整体。

5. 连接挠性连轴节。

6. 加上砝码。

7. 开机前托起砝码，在运转平稳后，迅速无冲击地加上砝码，并将计数器调零。

8. 试样断裂或记下寿命 N，取下试样描绘疲劳破坏断口的特征。

六、实验结果处理

1. 下列情况实验数据无效：载荷过高致试样弯曲变形过大，造成中途停机；断口有明显夹渣致使寿命偏低。

2. 将所得实验数据列表；然后以 $\lg N$ 为横坐标，$\sigma_{\max}$ 为纵坐标，绘制光滑的 S-N 曲线，并确定 σ_{-1} 的大致数值。

3. 报告中绘出破坏断口，指出其特征。

七、实验注意事项

1. 未装试样时禁止启动实验机，以免挠性连轴节甩出。

2. 实验进行中如发现连接螺杆松动，应立即停机并重新安装。

八、思考题

1. 疲劳试样的有效工作部分要磨削加工,为什么不允许有周向加工刀痕?

2. 实验过程中,明显的振动对寿命会产生怎样的影响?

3. 若规定循环基数 $N = 10^6$,对黑色金属来说,实验所得的临界应力值 σ_{max} 能否称为对应于 $N = 10^6$ 的疲劳极限?

第三章
建筑材料实验

本章学习的基本要求是了解实验各个环节的理论意义,熟练掌握实验结果的处理、运算、分析及实验报告的编写,了解常用建筑材料的标准。

建筑材料实验测试的目的是得到材料某一物理量的真值,但是真值是无法测定的,只能得到近似值,所以要设法从测试值中得到代表真值的最佳值。由此可见,随机抽取的样本经测试而得到的实验数据,实验数据经加工处理后得到样本信息,样本信息来反映材料总体质量。因此材料测试是非常重要的学习过程,只有学习掌握此过程,才能得到最可靠的信息来反映材料的总体质量。

建筑材料实验通常包括取样、测试、实验数据的整理、运算与分析等技术问题。

第一节　必修实验

实验一　材料基本性质实验

通过密度、表观密度、体积密度、堆积密度的测试,可计算出材料的孔隙率及空隙率,从而了解材料的构造特征。材料的构造特征是决定材料强度、吸水率、抗渗性、抗冻性、耐腐蚀性、导热性及吸声等性能的重要因素,因此,了解建筑材料的基本性质,对于掌握材料的特性和使用功能是十分必要的。

一、密度实验

材料的密度是指材料在绝对密实状态下,单位体积的质量。

(一)主要仪器设备

李氏比重瓶、筛子(孔径0.200 mm或900孔/cm²)、量筒、烘箱、干燥器、天平、温度计、水浴箱、漏斗、小勺等。

(二)试样制备

1.将试样研磨,用筛子筛分除去筛余物,并放到105～110 ℃的烘箱中,烘至恒重。

2.将烘干的粉料放入干燥器中冷却至室温待用。

（三）实验方法及步骤

1. 在李氏瓶中注入液体至突颈下部，记下刻度（V_0）。

2. 用天平称取 50 g 试样，用小勺和漏斗小心地将试样徐徐送入李氏瓶中（不能大量倾倒，否则会妨碍李氏瓶中空气排出或使咽喉部位堵塞），直至液面上升至 20 mL 刻度左右为止。

3. 用瓶内的液体将黏附在瓶颈和瓶壁的试样洗入瓶内液体中，转动李氏瓶使液体中气泡排出，记下液面刻度（V_1）。

4. 称取剩余试样的质量，计算出装入瓶中试样的质量 m。

5. 将注入试样后的李氏瓶中液面读数减去注入前的读数，得出试样的绝对体积 V。

（四）结果计算及确定

按下式计算出密度 ρ（精确至 0.01 g/cm³）

$$\rho = \frac{m}{V}$$

式中　　m——装入瓶中试样的质量，g；

　　　　V——装入瓶中试样的体积，cm³。

按规定，密度实验用两个试样平行进行，以其计算结果的算术平均值作为最后结果。但两次结果之差不应大于 0.02 g/cm³，否则重做。

二、毛体积密度实验

毛体积密度是指材料在自然状态下，单位体积的质量。毛体积密度的测试包括规则几何形状试样的测定与不规则形状试样的测定，其测定方法如下：

（一）规则几何形状试样的测试（如砖）

1. 主要仪器设备

游标卡尺、天平、烘箱、干燥器等。

2. 试样制备

将规则形状的试样放入 105～110 ℃的烘箱内烘干至恒重，取出放入干燥器中，冷却至室温待用。

3. 实验方法与步骤

（1）用游标卡尺量出试样尺寸（试件为正方形或平行六面体时以每边测量上、中、下 3 个数值的算术平均值为准。试件为圆柱体时按两个互相垂直的方向量其直径，各方向上、中、下量 3 次，以 6 次的平均值为准确定直径），并计算出其体积（V_0）。

（2）用天平称量出试件的质量（m）。

4. 实验结果计算

按下式计算出毛体积密度 ρ_0，即

$$\rho_0 = \frac{m}{V_0}$$

式中　　m——试样的质量，g；

　　　　V_0——试样的体积，cm³。

（二）不规则形状试样的测试（如卵石等）

此类材料毛体积密度的测试采用排液法（即砂石视密度的测定方法），其不同之处在于应

对其表面涂蜡,封闭开口孔后用容量瓶法或广口瓶法进行测试。方法同上。

三、视密度实验

视密度是指材料在自然状态下,单位体积(包括材料的绝对密实体积与内部封闭孔隙体积)的质量。其实验方法有容量瓶法和广口瓶法,容量瓶法用来测试砂的视密度,广口瓶用来测石子的视密度,下面以砂和石子为例分别介绍两种实验方法。

(一)砂的视密度实验(容量瓶法)

1. 主要仪器设备

容量瓶(500 mL)、托盘天平、干燥器、浅盘、铝制料勺、温度计、烘箱等。

2. 试样制备

每 400 m³ 砂子取一组试样,用四分法缩分至 2 500 g,取 650 g 左右的试样在温度为 (105 ±5)℃的烘箱中烘干至恒重,并在干燥器内冷却至室温待用。

3. 实验方法及步骤

(1)称取烘干的试样 300 g(m_0)装入盛有半瓶冷开水的容量瓶中,摇转容量瓶,使试样在水中充分搅动,以排除气泡,塞紧瓶塞,静置 24 h 左右。

(2)静置后用滴管添水,使水面与瓶颈刻度平齐,塞紧瓶塞,擦干瓶外水珠,称取其质量(m_1)。

(3)倒出瓶中的水和试样,将瓶的内外表面洗净。再向瓶内注入与前面水温相差不超过 2 ℃的冷开水至瓶颈刻度数,塞紧瓶塞,擦干瓶外水珠,称取其质量(m_2)。

4. 实验结果计算及确定

按下式计算砂的视密度(精确至 0.01 g/cm³)

$$\rho = \left(\frac{m_0}{m_0 + m_2 - m_1} - \alpha_t \right) \times 1\,000$$

式中　m_0——试样的烘干质量,g;

　　　m_1——试样、水及容量瓶的总质量,g;

　　　m_2——水及容量瓶的总质量,g;

　　　α_t——称量时的水温对水相对密度影响的修正系数,见表 3.1。

表 3.1　不同水温下砂的视密度温度修正系数

水温/℃	15	16	17	18	19	20
α_t	0.002	0.003	0.003	0.004	0.004	0.005
水温/℃	21	22	23	24	25	
α_t	0.005	0.006	0.006	0.007	0.008	

按规定,视密度应用两份试样测定两次,并以两次结果的算术平均值作为测定结果,如两次测定结果的差值大于 0.02 g/cm³ 时,应重新取样测定。

(二)石子视密度实验(广口瓶法)

1. 主要仪器设备

广口瓶、烘箱、天平、筛子、浅盘、带盖容器、毛巾、刷子、玻璃片。

2. 试样制备

按每 400 m³ 取样一组，将试样筛去 5 mm 以下的颗粒，用四分法缩分至不少于标准规定用量（具体用量见表 3.2），洗刷干净后，分成两份备用。

表 3.2　实验最少用量

最大粒径/mm	10.0	15.0	20.0	31.5	40	63	80
实验最少用量/kg	2	2	2	3	4	6	6

3. 实验方法与步骤

（1）将试样浸水饱和后，装入广口瓶中，装试样时广口瓶应倾斜放置，然后注满饮用水，用玻璃片覆盖瓶口，上下左右摇晃排出气泡。

（2）气泡排尽后，向瓶中添加饮用水，直至水面凸出到瓶口边缘，然后用玻璃片沿瓶口迅速滑行，使其紧贴瓶口水面。擦干瓶外水分后，称取试样、水、瓶和玻璃片的总质量（m_1）。

（3）将瓶中的试样倒入浅盘中，置于（105 ± 5）℃的烘箱中烘干至恒重，取出后放在带盖的容器中，冷却至室温后称出试样的质量（m_0）。

（4）将瓶洗净，重新注入饮用水，用玻璃片紧贴瓶口水面，擦干瓶外水分后称出质量（m_2）。

4. 实验结果的计算及确定

试样的视密度 ρ'_g 按下式计算（精确至 0.01 g/cm³）

$$\rho'_g = \left(\frac{m_0}{m_0 + m_2 - m_1} - \alpha_t \right) \times 1\,000$$

式中　m_0——试样的烘干质量，g；

M_1——试样、水、玻璃片及容量瓶的总质量，g；

m_2——水、玻璃片、水及容量瓶的总质量，g；

α_t——考虑称量时的水温对水相对密度影响的修正系数，见表 3.3。

表 3.3　不同水温下碎石或卵石的视密度温度修正系数

水温/℃	15	16	17	18	19	20	21	22	23	24	25
α_t	0.002	0.003	0.003	0.004	0.004	0.005	0.005	0.006	0.006	0.007	0.008

按规定，视密度应用两份试样测定两次，并以两次结果的算术平均值作为测定结果，如两次测定结果的差值大于 0.02 g/cm³，应重新取样测定；如试样的颗粒材质不均匀，两次实验结果的差值大于 20 kg/m³，可取 4 次测定结果的算术平均值作为测定值。

四、堆积密度实验

堆积密度指单位体积粉状或颗粒状材料在堆积状态下的质量。石子堆积密度的测试是在砂子测试原理相同的基础上，根据测试材料的粒径不同而采用不同的方法。以细骨料和粗骨料为例介绍两种堆积密度的测试方法。

（一）细骨料堆积密度实验

1. 主要仪器设备

容量筒（容积为 1 L）、台秤、标准漏斗、料勺、烘箱、直尺等。

2.试样制备

用四分法缩取 3 L 试样放入浅盘中,将浅盘放入温度为(105 ± 5)℃的烘箱中烘至恒重,取出冷却至室温,分为大致相等的两份待用。

3.实验方法及步骤

(1)称取容量筒的质量(m_1)。

(2)取试样一份,用料勺将其通过标准漏斗徐徐装入容量筒(漏斗出料口或料勺距容量筒上沿不得大于 50 mm),直至试样装满并超出容量筒筒口。

(3)用直尺将多余的试样沿筒口中心线向两个相反方向刮平,称其总质量(m_2)。

4.实验结果计算及确定

试样的堆积密度 ρ_0' 按下式计算(精确至 10 kg/m³)

$$\rho_0' = \frac{m_2 - m_1}{V_0'} \times 1\ 000$$

式中　m_1——容量筒的质量,kg;

m_2——容量筒和试样总质量,kg;

V_0'——容量筒的容积,L。

(二)粗骨料堆积密度实验

1.主要仪器设备

容量筒(规格容积见表3.4)、平头铁锹、烘箱、磅秤。

表3.4　容量筒的规格要求

碎石或卵石的最大粒径 /mm	容量筒容积 /L	容量筒规格/mm		筒壁厚度 /mm
		内径	净高	
10.0;16.0;20.0;25.0	10	208	294	2
31.5;40.0	20	294	294	3
63.0;80.0	30	360	294	4

2.试样制备

用四分法缩取不少于表 3.4 规定数量的试样,放入浅盘,在(105 ± 5)℃的烘箱中烘干,也可以摊在洁净的地面上风干,拌匀后分成大致相等的两份待用。

3.实验方法与步骤

(1)称取容量筒质量 m_1(kg)。

(2)取试样一份置于平整、干净的混凝土地面或铁板上,用平头铁锹铲起试样,使石子在距容量筒上口约 5 cm 处自由落入容量筒内,容量筒装满后,除去凸出筒口表面的颗粒并以比较合适的颗粒填充凹陷空隙,应使表面凸起部分和凹陷部分的体积基本相等。

(3)称出容量筒连同试样的总质量 m_2(kg)。

4.实验结果计算及确定

试样的堆积密度 ρ_0' 按下式计算(精确至 0.01 kg/m³)

$$\rho_0' = \frac{m_2 - m_1}{V_0'} \times 1\ 000$$

式中　m_1——容量筒的质量,kg;

　　　　m_2——容量筒和试样总质量,kg;

　　　　V'_0——容量筒的容积,L。

按规定,堆积密度应用两份试样测定两次,并以两次结果的算术平均值作为测定结果。

五、吸水率实验

材料的吸水率是指材料吸水饱和时的吸水量与干燥材料的质量或体积之比。现介绍其测试方法。

1. 主要仪器设备

天平、游标卡尺、烘箱、玻璃(或金属)盆等。

2. 试样制备

将试样置于不超过 110 ℃的烘箱中,烘干至恒重,放到干燥器中冷却到室温待用。

3. 实验方法及步骤

(1)从干燥器中取出试件,称其质量 m(g)。

(2)将试样放在盆中,并在盆底放一些垫条(如玻璃棒或玻璃管,使试样底面与盆底不致紧贴,试件之间应留 1~2 cm 的间隔,使水能够自由进入)。

(3)加水至试样高度的 1/3 处,过 24 h 后,再加水至高度 2/3 处,再过 24 h 加满水,并放置 24 h。逐次加水的目的在于使试件孔隙中的空气逐渐逸出。

(4)取出试样,用拧干的湿毛巾抹去表面水(不得来回擦拭),称其质量 m_1。

(5)为检验试样是否吸水饱和,可将试样再浸入水中至高度 3/4 处,过 24 h 重新称量,两次质量之差不得超过 1%。

4. 实验结果计算及确定

材料的吸水率 $W_质$ 或 $W_体$ 按下式计算:

$$W_质 = \frac{m_1 - m}{m} \times 100\%$$

$$W_体 = \frac{m_1 - m}{V_0} \times 100\%$$

式中　$W_质$——质量吸水率,%;

　　　　$W_体$——体积吸水率(用于高度多孔材料),%;

　　　　m——试样干燥质量,g;

　　　　m_1——试样吸水饱和质量,g。

按规定吸水率实验应用 3 个试样平行进行,并以 3 个试样吸水率的算术平均值作为测试结果。

六、思考题

1. 为什么测试材料密度时试样要磨成细粉?

2. 从材料的构造说明材料的密度和毛体积密度的区别?

<h2 style="text-align:center">实验二　水泥实验</h2>

一、水泥实验的一般要求

(1)实验室温度为 17~25 ℃,相对湿度大于 50%。养护室温度为(20±1)℃,相对湿度大于 95%。

（2）实验用水应是洁净的淡水,有争议时也可采用蒸馏水。

（3）水泥试样充分搅拌均匀,并通过 0.9 mm 方孔筛,记录其筛余物情况。

（4）实验用材料、仪器、用具的温度与实验室一致。

二、水泥细度检验

1. 目的

水泥细度测定的目的,在于通过控制细度来保证水泥的活性,从而控制水泥的质量。

2. 取样及样品制备

（1）水泥取样分袋装和散装两种取样,袋装水泥每 200 t 为一检查批,散装水泥每 400 t 为一检查批。

（2）取样方法:采用取样器,在适当位置插入水泥的一定深度,关闭后小心抽出。将所取样品放入洁净、干燥、不易受污染的容器中。

3. 检验方法

细度可用透气式比表面积仪或筛析法测定,这里主要介绍筛析法中的负压筛法、水筛法和手工筛法。

（1）负压筛法

①主要仪器设备:负压筛、筛座、天平等。

②实验方法步骤:

a. 筛析实验前,应把负压筛放在筛座上,接通电源,检查控制系统。调节负压至 4 000 ~ 6 000 Pa,喷气嘴上口平面应与筛网之间保持 2 ~ 8 mm 距离。

b. 称取试样 25 g(烘干后),置于洁净的负压筛中。盖上筛盖,放在筛座上,开动筛析仪连续筛动 2 min,在此期间如有试样附着在筛盖上,可轻轻地敲击,使试样落下,筛毕,用天平称量筛余物。

c. 当工作负压小于 4 000 Pa 时,应清理吸尘器内水泥,使负压恢复正常。

（2）水筛法

①主要仪器设备:筛子、筛座、喷头、天平等。

②实验方法步骤:

a. 筛析实验前应检查水中无泥、砂,调整好水压及水筛架位置,使其能正常运转,喷头底面和筛网之间距离为 35 ~ 75 mm。

b. 称取水泥试样 50 g,置于洁净的水筛中,立即用洁净水冲洗至大部分细粉通过,然后将筛子置于筛座上,用水压为 (0.5 ± 0.02) MPa 的喷头连续冲洗 3 min。

c. 筛毕取下,将筛余物冲至一边,用少量水把筛余物全部移至蒸发皿(或烘样盘)中,等水泥颗粒全部沉淀后将水倾出,烘干后称量筛余物。

（3）手工干筛法

①主要仪器设备:筛子(筛框有效直径为 150 mm,高 50 mm、方孔边长为 0.08 mm,铜布筛)、烘箱、天平等。

②实验方法步骤:称取烘干试样 50 g 倒入筛内,用一手执筛往复摇动,另一手轻轻拍打,拍打速度约为 120 次/min,其间每 40 次向同一方向转动 60°,使试样均匀分布在筛网上,直至每分钟通量不超过 0.05 g 为止,称取筛余物质量。

4. 实验结果计算

水泥试样筛余百分数按下式计算(精确至0.1%)

$$F = \frac{R_s}{W} \times 100\%$$

式中　F——水泥试样的筛余百分数,%;

　　　R_s——水泥筛余物的质量,g;

　　　W——水泥试样的质量,g。

负压筛法与水筛法或手工筛法测定的结果发生争议时,以负压筛法为准。

三、水泥标准稠度用水量实验(标准法)

1. 实验原理及目的

水泥标准稠度净浆对标准试杆(或试锥)的沉入具有一定阻力。通过实验不同含水量水泥净浆的穿透性,已确定水泥标准稠度净浆中所需加入的水量。而水泥的凝结时间和安定性都和用水量有关,因此测试可消除实验条件的差异,有利于比较,同时为凝结时间和安定性实验作准备。

2. 主要仪器设备

标准法维卡仪、试杆、水泥净浆搅拌机。

3. 实验步骤

(1)实验前必须做到

①实验前必须检查维卡仪的金属棒能否自由滑动,试杆降到锥模顶面位置时,指针应对准标尺的零点,搅拌机运转正常。

②水泥净浆搅拌机的筒壁及叶片先用湿布擦拭。

(2)水泥净浆搅拌

将拌和用水倒入搅拌锅内,然后在5~10 s内将称好的500 g水泥加入水中(防止水泥和水溅出),拌和时,先将锅放在搅拌机的锅座上升至搅拌位置,启动搅拌机,低速搅拌120 s,停15 s,同时将叶片和锅壁上的水泥浆刮入锅中,接着快速搅拌120 s停机。

(3)标准稠度用水量的测定步骤

拌和完毕,立即将净浆一次装入置于玻璃底板上的试模中,用小刀插捣并振动数次,刮去多余净浆,抹平后迅速将其试模和底板移到维卡仪上。并将其中心定在试杆下。将试杆降至净浆表面,拧紧螺丝1~2 s后突然放松,让试杆垂直自由地沉入净浆中,当试杆停止下沉或释放试杆30 s时,记录试杆距底板之间的距离,升起试杆,立即擦净实验仪器,整个操作过程应在1.5 min内完成。以试杆沉入净浆并距底板(6±1)mm的水泥净浆为标准稠度净浆。其拌和用水量W为该水泥的标准稠度用水量,按水泥质量的百分比计。

(4)标准稠度计算

$$P = \frac{W}{500}$$

式中　P——水泥标准稠度;

　　　W——水泥标准稠度用水量。

四、水泥凝结时间测定

1. 目的

测定水泥加水至开始失去可塑性(初凝)和完全失去可塑性(终凝)所用的时间,可以评定水泥的技术性质。初凝时间可以保证混凝土施工过程(即搅拌、运输、浇注、振捣)的完成。终凝时间可以控制水泥的硬化及强度的增长,有利于下一道施工工序的进行。

2. 实验仪器

凝结时间测定仪、试模、湿气养护箱、刮刀等。

3. 实验步骤

(1)试件的制备

以标准稠度用水量实验步骤 2 制成水泥净浆一次装满试模,振动数次刮平,立即放入湿气养护箱。记录水泥全部加入水中的时间作为凝结时间的起始时间。

(2)初凝时间的测定

在湿气养护箱中养护至加水后 30 min 时进行第一次测定。测定时,从湿气养护箱内取出试模放到试针下,降低试针与净浆面接触,拧紧螺钉 1～2 s 后,突然放松,试针自由垂直地沉入净浆,观察试针停止下沉或释放试针 30 s 时指针读数。当试针下沉至距离底板(4±1)mm 时,即为水泥达到初凝状态,此时时间与水泥全部加入水中的时间差即为初凝时间。

(3)终凝时间的测定

为了准确地观测试针沉入的情况,在终凝针上安装了一个环形附件,在完成初凝时间的测定以后,立即将试模连同浆体以平移的方式从玻璃板取下,翻转 180°,直径大端朝上,小端向下放在玻璃板上。放入养护箱中继续养护,临近终凝时每隔 15 min 测定一次,当试针沉入试体 0.5 mm 时,即环形附件不能再在试体上留下痕迹时,为水泥达到终凝状态,水泥全部加入水中至终凝状态的时间为水泥终凝时间,用 min 表示。

(4)测定时注意

在最初测定操作时,应轻轻扶住金属柱,使其徐徐下降,以防止试针被撞弯,但结果以自由下落为准;在整个测试过程中试针沉入的位置至少要距试模内壁 10 mm。临近初凝时,每隔 5 min测定一次;临近终凝时,每隔 15 min 测定一次,到达初凝或终凝时应立即重复测定一次,两次结论相同才能定为初凝或终凝状态,每次测定试针不能落入原针孔,每次测试完毕须将试件放回湿气养护箱内,整个测试过程要防止试模受振。

五、安定性实验

安定性实验可采用试饼法或雷氏夹法,当实验结果有争议时以雷氏夹法为准。实验前首先将雷试夹校正,方法如下:

雷氏夹由铜质材料组成,指针的根部先悬挂在一根金属丝或尼龙绳上,另一指针根部悬挂300 g 砝码,两根指针针尖的距离增加应在(17.5±2.5)mm 范围内,去掉砝码后针尖能够恢复至挂砝码前的距离,则雷试夹合格。

安定性是水泥硬化后体积变化的均匀性,体积的不均匀变化会引起膨胀、裂缝或翘曲等现象。

1. 主要仪器设备

沸煮箱、雷氏夹、雷氏夹膨胀测定仪、水泥净浆搅拌机、玻璃板等。

2. 实验方法及步骤

(1)雷氏夹法制作。将预先准备好的雷氏夹放在已擦过油的玻璃板上,并将已制好的标准稠度净浆装满试模,装模时一只手轻轻扶模,另一只手用宽约 10 mm 的小刀插捣 15 次左右,然后抹平,盖上稍涂油的玻璃板,接着将试模移至养护箱内养护(24±2)h。

（2）调整好煮沸箱的水位，使之能在整个煮沸过程中都超过每个试件，不需要中途补实验用水，同时又能保证在（30±5）min 内加热至沸，并恒沸 3 h±5 min。

（3）结果判别。当采用雷氏夹法时，先测量试件指针尖端的距离（A），精确到 0.5 mm，接着将试件放入水中算板上，指针朝上，试件之间互不交叉，然后在（30±5）min 内加热至沸，并恒沸 3 h±5 min。

煮毕，将水放出，待箱内温度冷却至室温，取出检查。

雷氏夹法鉴定：测量试件指针尖端间的距离（C），精确至小数点后一位。当两个试件煮后增加距离（$C-A$）的平均值不大于 5.0 mm 时，安定性即合格，反之不合格。

当两个试件的（$C-A$）值相差超过 4.0 mm 时，应用同一样品重做一次实验。再如此，则认为该水泥安定性不合格。

六、水泥胶砂强度检验

1. 目的

根据国家标准要求，用软练胶砂法测定水泥各标准龄期的强度，从而确定和检验水泥的强度等级。

2. 主要仪器设备

行星式水泥胶砂搅拌机、水泥胶砂试体成型振实台（台面有卡具）、下料漏斗、试模（三联模）、电动抗折实验机、抗压实验机及抗压夹具、刮刀等。

3. 实验前准备

（1）将试模擦净，四周模板与底座的接触面紧密装配，防止漏浆，内壁均匀涂一层机油。

（2）试体由按质量计的一份水泥、三份 ISO 标准砂、用 0.5 的水灰比拌制的一组塑性胶砂制成。用量见表 3.5。

表 3.5 塑性胶砂成分用量

水泥品种	材料量		
	水泥/g	标准砂/g	水/g
硅酸盐水泥			
普通硅酸盐水泥			
矿渣硅酸盐水泥	450±2	1 350±5	225±1
粉煤灰硅酸盐水泥			
火山灰硅酸盐水泥			

4. 试件成型

（1）先将拌和用水加入搅拌锅中，将称好的水泥倒入搅拌锅内，标准砂倒入漏斗。把锅放在固定架上，上升至固定位置。然后立即开动搅拌机，低速搅拌 30 s 后，在第二个 30 s 开始的同时将砂子均匀加入，如果各级砂是分装，从最初粒级开始，依次将所须每级砂装完，把机器转至高速再搅拌 30 s。

（2）停拌 90 s，在第一个 15 s 内用一胶皮刮具将粘在叶片和锅壁上的胶砂刮下，刮入锅中，再高速搅拌 60 s。

（3）胶砂搅拌的同时，将试模及下料漏斗卡紧在振动台中心，将搅拌好的全部胶砂分两次均匀地装入下料漏斗中,第一次加 300 g 胶砂,用大播料器来回一次将料层播平,接着振实 60 次。然后装入第二层砂浆,用小播料器播平,振实 60 次。移走模套,取下试模,用一金属尺以近似 90°的角度架在试模模顶的一端,然后沿试模长度方向以横向锯割动作慢慢向另一端移动,一次将超过试模的砂浆刮去,并用一直尺近似水平地将试体抹平。在试模或试件上做出标记。两个龄期以上的试体编号时应将试模中的 3 条试件分在两个以上的龄期内。

(4)检验前或更换水泥品种时,搅拌锅、叶片、下料漏斗须用湿抹布擦干净。

5. 脱模

脱模应非常小心,对于 24 h 龄期的,应在破形实验前 20 min 内脱模,对于 24 h 以上的,应在 20 ~ 24 h 脱模。

6. 水中养护

试件编号后,将试体立即水平或竖直放在(20 ± 1)℃水中养护,水平放置时刮平面应朝上。并彼此保持一定间距,以让水与 6 个试件接触,养护期间试件之间或试体上表面的水深不得小于 5 mm。不允许在养护期间全部换水。

7. 强度测定

(1)各龄期的试件,必须在规定的 24 h ± 15 min,48 h ± 30 min,72 h ± 45 min,7 d ± 2 h,> 28 d ± 8 h 内进行强度测试。

除去 24 h 龄期或延迟至 48 h 脱模的试件外,任何到龄期的试件应在实验前 15 min 从水中取出,擦去试件表面沉积物,并用湿布覆盖至实验为止。

(2)抗折强度的测定。

①每龄期取出 3 条试件,先做抗折强度的测定,测定前须擦去试件表面的水和砂粒,清除夹具上的水和砂粒,清除夹具上圆柱表面黏着的杂物,试件放入抗折夹具内,应使试件侧面与圆柱接触。

②采用杠杆式抗折实验机实验时,试体放入前,在不放铅蛋桶的情况下,杠杆应处于平衡状态。试体放入后调整夹具,使杠杆在试体折断时尽可能地接近平衡位置。

③抗折测定时,加荷速度为(50 ± 10)N/s 的速度均匀地将荷载垂直加在棱柱体相对侧面,直至断裂,保持两个棱柱体处于潮湿状态,直至抗压强度实验。

④抗折强度按下式计算(精确至 0.01 MPa)。

$$R_f = \frac{3FL}{2bh^2} = 0.234F \times 10^{-2}$$

式中　　R_f——抗折强度,MPa;

　　　　F——破坏荷载,N;

　　　　L——支撑圆柱中心距离(100 mm);

　　　　b,h——试件断面宽及高均为 40 mm。

⑤抗折强度的结果确定以 3 块试件抗折强度的算术平均值并精确到小数点后一位为准,超过平均值的 ±10% 的数值应予剔除,以其余两个数值的算术平均值为抗折强度的测定结果。如有两个数值超过平均值的 ±10%,应重做实验。

(3)抗压强度测定。

①抗折实验后的两个断块,应立即被用于抗压实验,抗压强度测定须用抗压夹具进行,试体受压断面为 40 mm × 40 mm,实验前应清除试体受压面与加压板间的砂粒或杂物,实验时,

以试体的侧面作为受压面,并使夹具对准压力机压板中心差小于 ±0.5 mm。棱柱体露在压板外面的部分约有 10 mm。

②压力机以(2 400 ±200)N/s 的加荷速度均匀加荷直至破坏,接近破坏时应严格控制。

③抗压强度按下式计算(精确至 0.1 MPa)。

$$R_C = \frac{F}{A} = 0.04F \times 10^{-2}$$

式中　R_C——抗压强度,MPa;

　　　F——破坏荷载,N;

　　　A——受压面积,为 40 mm ×40 mm。

④以一组 3 个棱柱体上得到的 6 个抗压强度值的算术平均值作为实验结果。如果 6 个测定值有 1 个超出 6 个平均值的 ±10%,就应剔除这一结果,而以剩下 5 个的平均数作为结果;如果 5 个测定值中再有超过它们平均值的 ±10%,则此组作废。

(4)实验结果评定

将实验和计算所得到的各标准龄期抗折和抗压强度值,对照国家规范所规定的水泥各龄期强度值来确定和验证水泥强度等级。要求各龄期的强度值均不低于规范所规定的强度值(参照水泥有关规范规定)。

七、实验结论

上述实验结果若有一项不合格,则该水泥不合格,判定时注明不合格项。

八、思考题

1. 水泥实验中如何判断水泥为合格品或不合格品?

2. 如何确定水泥强度等级?影响水泥强度发展的主要因素有哪些?

实验三　混凝土用细骨料(砂)实验

一、实验目的

测定混凝土用细骨料基本物理性质,为混凝土配合比设计以及细骨料的使用提供依据。

二、取样方法

细骨料的取样方法如下:

(1)分批方法:细骨料取样应按批取样,在料堆上取样一般以 400 m³ 或 600 t 为一批。不足上述数量的也按一批计算。

(2)抽取试样:在料堆上取样时先将取样部位的表层除去,然后在料堆上均匀分布的 8 个不同部位较深处铲取,各取大致相等的试样一份组成一组试样。

(3)取样数量:每组试样的取样数量,对于每一单项实验应不少于表 3.6 所规定的最少取样质量。如能保证试样经一项实验后不致影响另一项实验结果,可用一组试样进行几种不同的实验。

(4)试样缩分:将取回实验室的试样放置于平整、洁净的拌板上,在自然状态下拌和均匀,然后用四分法缩取各项实验所需的试样数量。四分法缩取的步骤:将拌匀试样摊成厚度约为 2 cm 的圆饼,沿两条垂直的直径将其分成大致相等的 4 份,除去其中对角的两份,将其余两份照上述方法继续缩分,如此继续进行,直到缩分后的试样略多于该项实验所需数量为止。另外,还可用分料器进行缩分。

表 3.6　每一实验项目所需砂的最少取样数量

实验项目	最少取样质量/g
筛分析	4 400
表观密度	2 600
吸水率	4 000
视密度和堆积密度	5 000
含水率	1 000
含泥量	4 400
泥块含量	10 000
有机质含量	2 000
云母含量	600
轻物质含量	3 200
坚固性	分成 4.75～2.36,2.36～1.18,1.18～0.60, 0.60～0.30 mm 4 个粒级,各需 100 g
硫化物及硫酸盐含量	50
氯离子含量	2 000
碱活性	7 500

三、砂的筛分析实验

1. 实验目的

测定实验用砂的颗粒级配,计算细度模数,评定砂的粗细程度,为混凝土的配合比设计提供依据。

2. 主要仪器设备

标准筛(套)、天平、烘箱、浅盘、毛刷、容器等。

3. 试样制备

将四分法缩取的 5 kg 试样,筛除大于 10 mm 的颗粒,并记录其含量。如砂表面质量不合格,应先清洗,然后拌匀,用四分法缩取不少于 550 g 试样两份,将两份试样分别置于(105 ± 5)℃的烘箱中烘干,冷却至室温待用。

4. 实验方法及步骤

(1)称取试样 500 g。

(2)将标准筛按孔径由大到小顺序叠放,加底盘后,将试样倒入最上层的 4.75 mm 筛内,加盖后,置于摇筛机上,摇筛约 10 min(也可以用手摇)。

(3)将整套筛自摇筛机上取下,按孔径大小,逐个用手筛分于洁净的盘上,各号筛上均须筛至每分钟通过量不超过试样总重的 0.1%,通过的颗粒并入下一号筛内并和下一道筛中的试样一起过筛。

(4)当全部筛分完毕时,试样在各号筛上的筛余量均不得超过下式的量

$$m_r = \frac{A\sqrt{d}}{200}$$

式中　m_r——在一个筛上的剩余量,g;

　　　　d——筛孔尺寸;

　　　　A——筛的面积。

否则应将筛余试样分成两份,再次进行筛分,并以其筛余量之和作为筛余量。

(5)称量各号筛的筛余试样质量(精确至0.01 g)。分计筛余量和底盘中剩余质量的总和与筛分前的试样质量之比,其差值不得超过1%。

5. 实验结果计算

(1)分计筛余百分数。各号筛的筛余量除以试样总量得到的百分率,精确至0.1%。

(2)累计筛余百分数。该号筛上的分计筛余百分率与大于该号各筛的分计筛余百分率之和,精确至1%。

6. 实验结果

(1)级配的判断:用各筛号的累计筛余百分率绘制级配曲线,对照国家规范规定的级配区范围,判定其是否都处于一个级配区内。

注:除4.75 mm 和0.60 mm 筛孔外,其他各筛的累计筛余百分率允许略有超出,但超出总量不应大于5%。

(2)粗细程度鉴定:砂的粗细程度用细度模数 M_x 的大小来判定。细度模数 M_x 按下式计算,精确至0.1。

$$M_x = \frac{(A_2 + A_3 + A_4 + A_5 + A_6) - 5A_1}{100 - A_1}$$

式中　$A_1, A_2, A_3, A_4, A_5, A_6$——4.75,2.36,1.18,0.60,0.30,0.15 mm 筛上的累计筛余百分率。

根据细度模数的大小来确定砂的粗细程度:

$M_x = 3.7 \sim 3.1$ 时为粗砂;

$M_x = 3.0 \sim 2.3$ 时为中砂;

$M_x = 2.2 \sim 1.6$ 时为细砂;

$M_x = 1.5 \sim 0.7$ 时为特细砂。

(3)筛分实验应采用两个试样进行,取两次结果的算术平均值作为测定结果,若两次所得的细度模数之差大于0.2,应重新进行实验。

四、视密度实验

视密度是指砂在自然状态下,单位体积(包括材料的绝对密实体积与内部封闭孔隙体积)的质量。其实验方法(参见本章实验一材料基本性质实验,略)采用容量瓶法。

五、堆积密度实验

堆积密度是指粉状或颗粒状材料在堆积状态下,单位体积的质量。其实验方法,参见本章实验一材料基本性质实验。

六、含水率实验

1. 主要仪器设备

天平、烘箱、玻璃(或金属)容器等。

2.实验方法及步骤

（1）将样品用四分法缩分至 1 000 g 左右。

（2）称取约 500 g 试样，装入已知质量的容器中，放入温度为（105±5）℃烘箱中烘干至恒重。称取试样与容器的质量。

（3）实验结果计算及确定。

砂子含水率（质量）按下式计算

$$W_{质} = \frac{m_3 - m_2}{m_3 - m_1} \times 100\%$$

式中　$W_{质}$——质量含水率，%；

　　　m_1——容器质量，g；

　　　m_2——烘干后试样与容器的总质量，g；

　　　m_3——未烘干试样与容器的总质量，g。

砂的含水率实验应用两个试样平行进行，并以两个试样含水率的算术平均值作为测试结果。

七、思考题

绘制砂子的级配曲线，并查阅资料了解如何利用级配曲线判断砂子的粗细程度。

实验四　普通混凝土配合比设计实验

一、实验要求

要求学生根据所学知识自行设计实验方案，所采用原材料的数据由前面实验得出，下面就混凝土配合比的设计基本知识进行介绍，供学生选择，最终由实验得出设计所需的原材料比例。

二、普通混凝土配合比的计算（计算配合比）

普通混凝土的配合比计算应按照《普通混凝土配合比设计规程》（JGJ 55—2000）通过计算得出计算配合比。

注：进行配合比计算时，其计算公式和有关参数表格中的数值均以干燥状态骨料为基准。当以饱和面干骨料为基准进行计算时，应作相应调整。

三、普通混凝土拌合物实验室拌和方法

1.目的

学会普通混凝土拌制方法，并测试和调整混凝土的性能，为混凝土配合比设计提供依据。

2.一般规定

（1）原材料应符合技术要求，并与施工实际用料相同，水泥若有结块现象，须用筛孔为 0.9 mm 的方孔筛将结块筛除。

（2）拌制混凝土的材料用量以质量计。混凝土试配最小搅拌量：当骨料最大粒径小于 31.5 mm 时，拌制数量为 15 L，最大粒径为 37.5 mm 时，取 25 L；当采用机械搅拌时，搅拌量不应小于搅拌机额定搅拌量的 1/4。称料精确度：骨料为 ±1%；水、水泥、混合材料、外加剂为 ±0.5%。

3.主要仪器设备

搅拌机、磅秤、天平、拌和钢板、钢抹子、量筒、拌铲等。

4.拌和方法

（1）人工拌和

①按所定的配合比备料，以全干状态为准。

②将拌和钢板和拌铲用湿布润湿后，将砂倒在拌板上，然后加入水泥，用拌铲自拌板一端翻拌至另一端，如此反复，直至充分混合，颜色均匀，放入称好的粗骨料与之拌和，继续翻拌，直至混合均匀，然后堆成锥形。

③将干混合物锥形的中间作一凹槽，将一半左右已称量好的水倒入凹槽中，然后仔细翻拌，并徐徐加入剩余的水，继续翻拌。

④拌和时力求动作敏捷，拌和时间从加水时算起，应大致符合下列规定：

拌合物体积为 30 L 以下时 4~5 min；

拌合物体积为 30~50 L 时 5~9 min；

拌合物体积为 51~75 L 时 9~12 min。

⑤拌好后，立即做坍落度实验或试件成型，从开始加水时算起，全部操作须在 30 min 内完成。

（2）机械搅拌法

①按所定的配合比备料，以全干状态为准。

②拌前先对混凝土搅拌机挂浆，即用搅拌机搅拌按配合比要求的水泥、砂、水和少量石子，然后倒去多余砂浆和石子。其目的在于防止正式搅拌时水泥浆挂时影响混凝土配合比。

③将称好的石子、砂、水泥按顺序倒入搅拌机内，先搅拌均匀，然后将需用的水徐徐倒入搅拌机内一起拌和，全部加料时间不得超过 2 min。

④将拌合物自搅拌机中卸出，倾倒在拌板上，再经人工拌和 1~2 min。

⑤拌好后，根据实验要求，即可做坍落度测定或试件成型。从开始加水时算起，全部操作须在 30 min 内完成。

四、普通混凝土拌合物的和易性实验

新拌混凝土拌合物的和易性是混凝土施工、质量均匀、成型密实的保证，同时也是保证混凝土施工和质量的前提。

1.新拌混凝土拌合物坍落度实验

（1）适用范围

本实验方法适用于坍落度值不小于 10 mm 且骨料最大粒径不大于 40 mm 的混凝土拌合物测量，是验证混凝土和易性的重要步骤。

（2）主要仪器设备

坍落度筒、捣棒、小铲、木尺、钢尺、拌板、抹刀、喂料斗等。

（3）实验方法及步骤

①每次测定前，用湿布把拌板及坍落筒内外擦净、润湿，并将筒顶部加上漏斗，放在拌板上，用双脚踩紧脚踏板，使位置固定。

②取拌好的混凝土拌合物 15 L，将拌合物分 3 次均匀装入筒内，每层装入的高度在插捣后应为筒高的 1/3，每层用捣棒插捣 25 次，插捣应呈螺旋形由外向中心进行，插捣应在截面上均匀分布，插捣筒边混凝土时，捣棒应稍稍倾斜，插捣底层时，捣棒应贯穿整个深度，插捣第二

层和顶层时,捣棒应插透本层,并使之刚刚插入下一层。浇灌顶层时,混凝土应灌到高出筒口,插捣过程中,如混凝土沉落到低于筒口,则应随时添加,顶层插捣完后,刮去多余混凝土,并用抹刀抹平。

③清除筒边底板上的混凝土后,垂直平稳地提起坍落筒,坍落筒的提离过程应在 5～10 s 内完成,从开始装料到提起坍落筒整个过程应不间断地进行,并在 150 s 内完成。

（4）实验结果确定

提起坍落筒后,立即测量筒高与坍落后混凝土试体最高点之间的高度差,此值即为混凝土拌合物的坍落度值,单位为毫米(mm)。

坍落筒提起后,如混凝土拌合物发生崩塌或一边剪切破坏,则应重新取样进行测定,如仍然出现上述现象,则该混凝土拌合物的和易性不好,并应记录备查。

2.黏聚性和保水性的评定

黏聚性和保水性的测定在测量坍落度后,目测观察,判定黏聚性和保水性。

（1）黏聚性检验方法

用捣棒在已坍落的混凝土锥体侧面轻轻敲打,此时,如锥体渐渐下沉,则表示黏聚性良好,如锥体崩裂或出现离析现象,则表示黏聚性不好。

（2）保水性检验方法

坍落筒提起后,如有较多稀浆从底部析出,锥体部分的混凝土拌合物也因失浆而骨料外露,则表明保水性不好。

坍落筒提起后,如无稀浆或仅有少量稀浆从底部析出,则表明混凝土拌合物保水性良好。

3.和易性的调整

当坍落度低于设计要求时,可在保持水灰比不变的前提下,适当增加水泥用量,其数量可各为原来计算用量的5%与10%。

当坍落度高于设计要求时,可在保持砂率不变的条件下,增加骨料用量。

当含砂不足出现黏聚性、保水性不良时,可适当增大砂率,反之减小砂率。

4.维勃稠度实验

（1）适用范围

本方法适用于骨料最大粒径不超过 40 mm 且维勃稠度值为 5～30 s 的混凝土拌合物稠度测定。

（2）主要仪器设备

维勃稠度仪、捣棒、小铲、秒表等。

（3）实验方法及步骤

①把维勃稠度仪放置在坚实、水平的基面上(铁板),用湿布把容器、坍落度筒、喂料斗内壁及其他用具擦湿。

②将喂料斗提到坍落度筒上方扣紧,校正容器位置,使其中心与喂料斗中心重合,然后拧紧固定螺钉。

③把混凝土拌合物用小铲分 3 层经喂料斗均匀地装入筒内,装料及插捣方式同坍落度法。

④将圆盘、喂料斗都转离坍落度筒,小心并垂直地提起坍落度筒,此时应注意不使混凝土试体产生横向扭动。把透明圆盘转到混凝土圆台体顶面,放松测杆螺钉,小心地降下圆盘,使它轻轻地接触到混凝土顶面。

⑤拧紧定位螺钉,并检查测杆螺钉是否完全放松,同时开启振动台和秒表,当振动到透明圆盘的底面被水泥浆布满的瞬间,停下秒表,并关闭振动台,记下秒表的时间,精确至 1 s。

(4)实验结果确定

由秒表读出的时间,即为该混凝土拌合物的维勃稠度值,单位为秒(s)。

如维勃稠度值小于 5 s 或大于 30 s,则此种混凝土所具有的稠度已超出本仪器的适用范围,不能用维勃稠度值表示。

五、混凝土配合比调整和确定

1. 基准配合比的确定

按计算配合比进行实验时,首先进行坍落度实验或维勃稠度实验并且判断其黏聚性、保水性是否符合要求,当上述项目不符合要求时,应在保证水灰比不变的前提下相应调整用水量和砂率,直到符合要求为止。然后提出混凝土强度实验用的基准配合比。

2. 混凝土强度实验用配合比

混凝土强度实验用配合比至少采用 3 个不同配合比,并且其中一个为基准配合比,另外两个配合比的水灰比宜较基准配合比分别增加 0.05 和减少 0.05;用水量应与基准配合比相同,砂率可分别增加 1% 和减少 1%。进行混凝土强度实验时,每种配合比至少应做一组(3 块)试件,标养到 28 d 再测其强度。

注:当不同水灰比的混凝土拌合物坍落度与要求值的差超过允许偏差时,可增减用水量进行调整。

六、普通混凝土立方体抗压强度实验

1. 目的

学会制作混凝土抗压强度试件的方法,用以检验混凝土强度,确定、校核混凝土配合比,并为控制混凝土施工质量提供依据。

2. 一般技术规定

(1)本实验采用立方体试件,以同一龄期至少 3 个同时制作、同样养护的混凝土试件为一组。

(2)每一组试件所用的拌合物应从同盘或同一车运送的混凝土拌合物中取样,或在实验室用人工或机械单独制作。

(3)检验工程和构件质量的混凝土试件成型方法应尽可能地与实际施工采用的方法相同。

(4)试件尺寸按粗骨料的最大粒径来确定。

3. 主要仪器设备

压力实验机、上下承压板、振动台、试模、捣棒、小铲、钢尺等。

4. 试件制作

(1)在制作试件前,首先要检查试模,拧紧螺栓,并清刷干净,同时在其内壁涂上一薄层矿物油脂或机油。

(2)试件的成型方法应根据混凝土的坍落度来确定。

①坍落度不大于 70 mm 的混凝土拌合物应采用振动台成型。

方法:将拌好的混凝土拌合物一次装入试模,装料时应用抹刀沿试模内壁略插捣并使混凝土拌合物稍有富余,然后将试模放到振动台上,用固定装置予以固定,开动振动台并计时,当拌

合物表面出现水泥浆时,停止振动台并记录时间,用抹刀沿试模边缘刮去多余拌合物并抹平。

②坍落度大于 70 mm 的混凝土拌合物采用人工捣实成型。

方法:将混凝土拌合物分为两层装入试模,每层装料的厚度大致相同,插捣时用垂直的捣棒按螺旋方向由边缘向中心进行,插捣底层时,捣棒应达到试模底面;插捣上层时,捣棒应贯穿下层深度 2 ~ 3 cm,并用抹刀沿试模内侧插入数次,以防止麻面,每层插捣次数随试件尺寸而定,一般每 100 cm² 截面积不应少于 12 次。捣实后,刮去多余混凝土并用抹刀抹平。

5. 试件养护

(1)采用标准养护的试件成型后应覆盖表面,防止水分蒸发,并在(20 ± 5)℃的室内静置 1 天(不得超过 2 天),然后编号拆模。

(2)脱模后的试件应立即放入养护室[温度为(20 ± 3)℃,相对湿度为 90% 以上]养护,在标准养护室中试件应放在架上,彼此相隔 10 ~ 20 mm,并应避免用水直接冲淋试件;当无标准养护室时,混凝土试件可在(20 ± 3)℃水中养护,水的 pH 值不应小于 7。

(3)与构件同条件养护的试件成型后,应覆盖表面,试件拆模时间可与实际试件拆模时间相同,拆模后,试件仍须保持同条件养护。

6. 抗压强度测定

(1)试件从养护地点取出,随即擦干并量出其尺寸(精确至 1 mm),并以此计算试件的受压面积 $A(mm^2)$。

(2)将试件放在压力实验机的下压板上,试件的承压面应与成型时的顶面垂直。试件的轴心应与压力机下压板中心对准,开动实验机,当上压板与试件接近时,调整球座,使之接触均衡。

(3)加压时,应连续而均匀地加荷。

当混凝土强度等级低于 C₃₀时,加荷速度取 0.3 ~ 0.5 MPa/s。

当混凝土强度等级等于或大于 C₃₀时,加荷速度取 0.5 ~ 0.8 MPa/s。

当试件接近破坏而开始迅速变形时,应停止调整实验机油门,直至试件破坏,然后记录破坏荷载 $F(N)$。

7. 实验结果计算

(1)试件的抗压强度 f_{cu} 按下式计算

$$f_{cu} = \frac{F}{A}$$

式中 F——试件破坏荷载,N;

   A——试件受压面积,mm^2。

(2)以 3 个试件抗压强度的算术平均值作为该组试件的抗压强度值,精确到 0.1 MPa。

如果 3 个测定值中的最大值或最小值中有一个与中间值的差异超过中间值的 15%,则把该最大值或最小值舍去,取中间值作为该组试件的抗压强度值。

如果最大值、最小值均与中间值相差 15%,则此组实验作废。

(3)混凝土抗压强度是以 150 mm × 150 mm × 150 mm 的立方体试件作为抗压强度的标准试件,其他尺寸试件的测定结果应换算成 150 mm × 150 mm × 150 mm 的立方体试件的标准抗压强度值,换算系数见表 3.7。

表 3.7 立方体试件标准抗压强度换算系数

试件尺寸/mm	骨料最大粒径/mm	每层插捣次数/次	抗压强度换算系数
100 × 100 × 100	30	12	0.95
150 × 150 × 150	40	25	1
200 × 200 × 200	30	50	1.05

七、实验结果分析

1. 配合比确定

根据实验得出的混凝土强度与其相对应的灰水比(C/W)关系,用作图法或计算法求出与混凝土配制强度($f_{cu,o}$)相对应的灰水比,并应按下列原则确定每立方米混凝土的材料用量:

①用水量应在基准配合比用水量的基础上根据制作强度试件时测得的坍落度或维勃稠度进行调整确定。

②水泥用量应为用水量乘以选定的灰水比。

③粗细骨料用量应在基准配合比粗细骨料的用量基础上按选定的灰水比进行调整后确定。

2. 配比校正

(1)配合比校正系数

$$\delta = \frac{\rho_{c,t}}{\rho_{c,c}}$$

式中　δ——配合比校正系数;

　　$\rho_{c,t}$——混凝土表观密度实测值,kg/m³;

　　$\rho_{c,c}$—— 混凝土表观密度计算值,kg/m³。

(2)最终确定混凝土实验室配合比

①当混凝土表观密度实测值与混凝土表观密度计算值之差的绝对值不超过计算值的2%时,则确定的配合比即为设计配合比。

②当两者之差超过2%时,应将配合比中每项材料用量均乘以校正系数,即为确定的配合比。

注:混凝土表观密度测定方法见《普通混凝土拌合物性能实验方法标准》(GB/T 50080—2002)。

八、思考题

1. 简述影响混凝土强度的主要因素。

2. 某工程混凝土采用 42.5 级普通硅酸盐水泥、河砂及卵石配制,其配合比为 $C : S : G : W = 1 : 2.5 : 4 : 0.5$。

(1)实测混凝土拌合物表观密度为 2 400 kg/m³,问每 1 m³ 混凝土各组成材料的用量?

(2)该混凝土强度估算值为多少? (系数 $\alpha_a = 0.48$;$\alpha_b = 0.33$;水泥富余系数 $\gamma_c = 1.13$)

3. 如果新拌混凝土保水性不好,混凝土中各种原材料应如何进行调整? 如果新拌混凝土流动性过大(即坍落度值大),混凝土中各种原材料应如何进行调整?

实验五　钢筋实验

一、实验目的

掌握钢筋基本力学实验方法,同时检验钢筋是否满足国家标准规定的基本性能指标。

二、钢筋的验收及取样方法

(1)钢筋应有出厂质量证明书或实验报告单,每捆(盘)钢筋均应有标牌,进场时应按炉罐(批)号及直径(d_0)分批验收,验收内容包括查对标牌、外观检查,并按有关规定抽取试样做机构性能实验,包括拉力实验和冷弯实验两个项目,如两个项目中有一个项目不合格,该批钢筋即不合格。

(2)同一截面尺寸和同一炉罐号的钢筋分批实验时,每批质量不大于60 t,如炉罐号不同,应按《钢筋混凝土结构用热轧带肋钢筋》(GB 1499.2—2007)的规定验收。

(3)钢筋在使用中如有脆断、焊接性能不良或机械性能显著不正常,应进行化学成分分析。

(4)取样方法和结果评定规定,热轧带肋钢筋应从每批钢筋中任意抽取两根,于每根距端部50 cm处各取一套试样(4根试件),在每套试样中取两根做拉力实验,另两根做冷弯实验(钢筋型号不同则取样数量不同)。在拉力实验的两根试件中,如其中一根试件的屈服点、抗拉强度和伸长率3个指标中有一个指标达不到钢筋标准中规定的标准要求,则不论这个指标在每一次试件中是否达到标准要求,拉力实验也作为不合格。在冷弯实验中,如有一根试件不符合标准要求,应同样抽取双倍钢筋,重做实验。如仍有一根试件不符合标准要求,冷弯实验项目即不合格。

(5)实验应在(20 ± 10)℃的温度下进行,如实验温度超出这一范围,应于实验记录和报告中注明。

三、力学性能实验

1. 目的

测定钢筋的屈服强度、抗拉强度与伸长率,注意观察拉力与变形之间的关系,为确定和检验钢材的力学及工艺性能提供手段及依据。

2. 主要仪器设备

万能材料实验机、钢板尺、游标卡尺、钢筋打印机等。

3. 试件的制作与准备

(1)首先应根据前面介绍的取样方法截取钢筋试样,试样的长度应符合下面规定(即试样夹具之间的最小自由长度)。

$d \leq 25$ mm 时　　　　　　　　　　350 mm

25 mm < $d \leq 32$ mm 时　　　　　　400 mm

32 mm < $d \leq 50$ mm 时　　　　　　500 mm

(2)原始标距的确定。用钢筋打印机在钢筋表面试样的自由长度范围内,均匀划分为10 mm、5 mm 的等间距标记,原始标距长度的确定根据不同钢筋牌号取不同长度。具体规定见表3.8。

表 3.8　钢筋的原始标距长度

牌　号	依据标准	原始标距长度/mm
Q235	GB/T 701—2008	$10d$
HRB335,HRB400,HRB500	GB 1499.2—2007	$5d$
HPB235	GB 1499.1—2008	$5d$
CRB550,CRB650,CRB800 等	GB 13788—2008	$10d$ 或 $100d$

注:d 为钢筋公称直径。

(3)试样截面积的确定。

①可用质量法求出横截面积 A_0。

$$A_0 = \frac{Q}{7.85L}$$

式中　A_0——试件横截面积,cm^2;

Q——试件质量,g;

L——试件长度,cm;

7.85——钢筋密度,g/cm^3。

②可用千分尺沿标距长度在中部及两端各测直径一次,每处于两个相互垂直的方向各测一次,取其算术平均值作为该处直径,取所测 3 个直径中的最小值作为计算截面积 A_0 的直径。

③横截面积 A_0 计算结果的化整:当 $A_0 < 100\ mm^2$ 时,化整到小数后一位;$A_0 \geqslant 100\ mm^2$ 时,化整到个位数,所需位数以后的数字按四舍六入五单双法处理。

4.屈服强度 σ_s 与抗拉强度 σ_b 的测定

(1)调整实验机测力度盘的指针,使之对准零点,并拨动副指针,使之与主指针重叠。

(2)将试件固定在实验机夹头内,开动实验机,进行拉伸,拉伸速度:屈服前,应力增加速度为 10 MPa/s;屈服后,实验机活动夹头在荷载下的移动速度每分钟不大于 $0.5L(L = L_0 + 2h_1)$。

(3)拉伸中,测力度盘的指针停止转动时的恒定荷载或第一次回转时的最小荷载,即为所求的屈服点 F_s。

按下式计算出试件的屈服强度

$$\sigma_s = \frac{F_s}{A_0}$$

式中　σ_s——屈服强度,MPa;

F_s——屈服点荷载,N;

A_0——试件的原横截面积,mm^2。

(4)向试件继续加荷,此时加荷速度:实验机活动夹头在荷载下的移动速度不大于每分钟 $0.5L(L = l_0 + 2h_1)$,直至拉断,由测力盘读出最大荷载 F_b。

按下式计算试件的抗拉强度

$$\sigma_b = \frac{F_b}{A_0}$$

式中　σ_b——抗拉强度,MPa;

　　　F_b——最大荷载,N;

　　　A_0——试件的原横截面积,mm^2。

(5)结果鉴定:将通过测试、计算所得的 σ_s,σ_b 对照国家规范所要求的各牌号钢筋的力学性能要求,看 σ_s,σ_b 是否满足要求,如不满足,则取双倍试样重测,如再不满足要求,则不合格。

注:若实验机采用计算机控制也可用自动控制系统辨别钢筋的屈服强度和极限强度。

5.伸长率测定

(1)将已拉断试件的两段,在断裂处对齐,尽量使其轴线位于一条直线上,如拉断处由于各种原因形成缝隙,则此缝隙应计入试件拉断后的标距部分长度。

(2)如果拉断处到邻近标距端点的距离大于 $\frac{1}{3}l_0$,可用卡尺直接量出已被拉长的标距长度 l_1。

(3)如果拉断处到邻近标距端点的距离小于或等于 $\frac{1}{3}l_0$,可按下述移位法确定 l_1:在长段上,从拉断处 O 点取基本等于短段格数,得 B 点,接着取等于长段所余格数之半,得 C 点,或者取所余格数减1与加1之半,得到 C 与 C_1 点,移位后 l_1 分别为 $AO+OB+2BC$ 或 $AO+OB+BC+BC_1$。

如果用直接测量所求出的伸长率能达到技术条件得规定值,则可不采用移位法。

(4)伸长率按下式计算(精确至0.1%)。

$$\delta_{10}(\text{或} \delta_5) = \frac{l_1 - l_0}{l_0} \times 100\%$$

式中　δ_{10},δ_5——$l_0 = 10d_0$ 和 $l_0 = 5d_0$ 时的伸长率;

　　　l_0——原标距长度 $10a(5a)$,mm;

　　　l_1——试件拉断后,用直接量或移位法确定的标距部分长度,mm。

(5)如果试件在标距端点上或标距外断裂,则实验结果无效,应重新实验。

(6)结果鉴定:将测试、计算所得到的结果 δ_{10},δ_5 对照国家规范对钢筋性能的技术要求,达到标准要求则合格,如未达到,可取双倍试样重做,如仍有未达到标准者,则钢筋的伸长率不合格。

四、冷弯实验

1.目的

检验钢筋承受规定弯曲程度的变形性能,从而确定其可加工性能,并显示其缺陷。

2.主要仪器设备

压力机、万能实验机、弯曲弯头等。

3.实验方法及步骤

(1)截取试件,长度为 $5d+150$ mm,d 为试件的计算直径(mm)。

(2)弯心直径和弯曲角度,按相应的技术要求选用,见表3.9。

(3)调整两支辊间距离,使之等于 $d+2.1a$。

(4)装置试件后,平稳地施加荷载,钢筋须绕着弯心,弯曲到要求的弯曲角。

表 3.9 建筑钢材弯心直径和弯曲角度技术要求

牌号	依据标准	弯心直径	弯曲角度/(°)
Q235	GB/T 701—2008	$D = 0.5d$	
HRB335	GB 1499.2—2007	$D = 3d$	
HRB400	GB 1499.2—2007	6~25 mm $D = 3d$ 28~50 mm $D = 4d$	180
HRB500	GB 1499.2—2007	6~25 mm $D = 4d$ 28~50 mm $D = 5d$	
HPB235	GB 1499.1—2008	6~25 mm $D = 6d$ 28~50 mm $D = 7d$	
CRB550	GB 13788—2008	$D = 3d$	

4. 实验结果评定

试件弯曲后,检查弯曲处的外面及侧面,如无裂缝、裂断或起层现象,即认为冷弯实验合格。

五、思考题

1. 钢筋冷弯性能的好坏对实际工程有何影响?

2. 在做钢材伸长率实验时,试件标距长度如何确定,试件拉断后标距如何量取?

第二节 选修实验

实验一 混凝土用粗骨料(石子)实验

一、实验目的

测定混凝土用粗骨料基本物理性质,为混凝土配合比设计以及粗骨料的使用提供依据。

二、粗骨料取样方法

(1)分批方法。粗骨料取样应按批进行,一般以 400 m³ 为一批。

(2)抽取试样。取样应自料堆的顶、中、底 3 个不同高度处,在均匀分布的 5 个不同部位,取大致相等的试样一份,共取 15 份,组成一组试样,取样时先将取样部位的表面铲除,于较深处铲取。

(3)取样数量。每组试样的取样数量,对每一组单项实验不小于表 3.10 规定的最少取样数量。须做几项实验时,如确无影响,可用一组实验。每一实验项目所需碎石或卵石的最少取样数量(kg),见表 3.10。

表 3.10　碎石或卵石的最少取样数量　　　　　　　单位:kg

实验项目	最大粒径/mm							
	9.5	16	19	26.5	31.5	37.5	63	75
筛分析	10	15	20	20	30	40	60	80
表观密度	8	8	8	8	12	16	24	24
含水率	2	2	2	2	3	3	4	6
吸水率	8	8	16	16	16	24	24	32
堆积密度、紧密密度	40	40	40	40	80	80	120	120
含泥量	8	8	24	24	40	40	80	80
针、片状含泥量	1.2	4	8	8	20	40	—	—
硫化物、硫酸盐	1.0							

注:有机物含量、紧固性、压碎指标值及碱集料反应检验,应按实验要求的粒级及数量取样。

（4）试样的缩分。将取样倒在平整、洁净的混凝土地面（或拌板）上,拌和均匀,堆成锥体,用前述四分法分别缩取各实验所需的试样数量。

（5）若检验不合格应重新取样,对不合格项进行加倍复检,若仍有一个试样不能满足标准要求,应按不合格处理。

三、碎石或卵石的筛分析实验

1. 目的

测定粗骨料的颗粒级配及粒级规格,为粗骨料的使用和混凝土配合比设计提供依据。

2. 主要仪器设备

方孔筛（孔径规格有 2.36,4.75,9.50,16,19.0,26.5,31.5,37.5,53,63,75 mm）、托盘天平、台秤、烘箱、容器、浅盘等。

3. 试样制备

从取回的试样中用四分法缩取不少于表 3.11 规定的试样数量,经烘干或风干后备用（所余试样做表观密度、堆积密度实验）。筛分析所需试样的最小质量见表 3.11。

表 3.11　筛分析所需试样的最小质量

最大公称粒径/mm	9.5	16	19	26.5	31.5	37.5	63	75
试样最小质量/kg	2.0	3.2	4.0	5.0	6.3	8.0	12.6	16.0

4. 实验方法与步骤

（1）按表 3.11 规定称取烘干或风干试样质量（g）。

（2）按试样的粒径选用一套筛,按孔径由大到小的顺序叠置于干净、平整的地面或铁盘上,然后将试样倒入上层筛中,用手摇动 5 min。筛子选择见表 3.12。

表 3.12　筛孔尺寸选择

级配情况	公称粒级/mm	筛孔尺寸/mm
连续粒级	4.75~9.5	2.36,4.75,9.5
	4.75~16	2.36,4.75,9.5,19
	4.75~26.5	2.36,4.75,16.0,26.5
	4.75	2.36,4.75,9.5,19,31.5
单粒级	20~40	9.5,19,37.5

（3）按孔径由大到小的顺序取下各筛,分别于洁净的铁盘上摇筛,直至每分钟通过量不超过试样总量的0.1%为止,通过的颗粒并入下一筛中。但应注意,当筛分完毕时,每个筛上筛余层的厚度应不大于筛上最大颗粒的尺寸,如超过此尺寸,应将该筛余试样分成两份,分别进行筛分,并以筛余量之和作为该筛号的筛余量。当试样粒径大于20 mm时,筛分时允许用手拨动试样颗粒,使其通过筛孔。

（4）称取各筛上的筛余量,精确至试样总质量的0.1%。在筛上的所有分计筛余量和筛底剩余的总和与筛分前测定的试样总量相比,其相差不得超过1%。

5.实验结果的计算及鉴定

（1）分计筛余百分率。各号筛上筛余量除以试样总质量的百分数（精确至0.1%）。

（2）累计筛余百分率。该号筛上分计筛余百分率与大于该号筛的各号筛上的分计筛余百分率之总和（精确至1%）。

粗骨料的各号筛上的累计筛余百分率应满足国家规范规定的粗骨料颗粒级配范围要求（具体见《普通混凝土用砂、石质量及检验方法标准》（JGJ 52—2006）的要求）。

四、视密度实验

视密度是指石子在自然状态下,单位体积（包括材料的绝对密实体积与内部封闭孔隙体积）的质量。其实验方法（参见本章第一节实验一材料基本性质实验,略）采用广口瓶法。

五、堆积密度实验

堆积密度是指粉状或颗粒状材料,在堆积状态下,单位体积的质量。石子堆积密度的测试是在与砂子测试原理相同的基础上,根据测试材料的粒径不同,而采用的不同的方法,参见本章第一节实验一材料基本性质实验。

六、含水率实验

1.主要仪器设备

天平、烘箱、玻璃（或金属）容器等。

2.实验方法及步骤

（1）将样品用四分法缩分至2 000 g左右。

（2）称取约1 000 g试样,装入已知质量的容器中,放入温度为（105±5）℃烘箱中烘干至恒重。称取试样与容器的质量。

（3）实验结果计算及确定。

砂子含水率（质量）按下式计算。

$$W_{\text{质}} = \frac{m_3 - m_2}{m_3 - m_1} \times 100\%$$

式中　$W_{\text{质}}$——质量含水率,%;

　　　m_1——容器质量,g;

　　　m_2——烘干后试样与容器的总质量,g;

　　　m_3——未烘干试样与容器的总质量,g。

按规定含水率实验应用两个试样平行进行,并以两个试样含水率的算术平均值作为测试结果。

七、思考题

石子级配的好坏对混凝土质量有哪些影响?

实验二　建筑砂浆实验

一、实验目的

通过实验,验证砂浆配比是否符合设计要求,从而确保砂浆质量。

二、材料要求

(1)水泥砂浆采用的水泥强度等级不宜大于 32.5 级,水泥混合砂浆采用的水泥强度等级不宜大于 42.5 级。

(2)砌筑砂浆用砂宜选中砂,其中毛石砌筑宜选粗砂;砂的含泥量不应超过 5% ,M2.5 的水泥混合砂浆砂的含泥量不应超过 10% 。

(3)生石灰熟化成石灰膏时,应用孔径 3 mm × 3 mm 的网过滤,熟化时间不得小于 7 d,磨细生石灰粉熟化时间不得小于 2 d。严禁使用脱水硬化的石灰膏。

(4)其他掺合料掺加应符合有关标准规定。

三、配比的确定

1. 配比要求

(1)砂浆的强度等级宜采用 M20,M15,M10,M7.5,M5,M2.5。

(2)水泥砂浆拌合物的密度不宜小于 1 900 kg/m³;水泥混合砂浆拌合物的密度不宜小于 1 800 kg/m³。

(3)砌筑砂浆稠度、分层度、试配抗压强度必须同时符合要求。

(4)砌筑砂浆的分层度不得大于 30 mm。

(5)水泥砂浆中的水泥用量不应小于 200 kg,水泥混合砂浆中水泥和掺合料总量宜为 300 ~ 350 kg/m³。

2. 配比计算

配比计算见《砌筑砂浆配合比设计规程》(JGJ 98—2010)。

四、砂浆的拌和

1. 目的

学会砂浆的拌制,为确定砂浆的配合比或检验砂浆各项性能提供依据。

2. 仪器设备

砂浆搅拌机、铁板、磅秤、台秤、铁铲、抹刀等。

3. 实验准备

（1）拌制砂浆所用的材料,应符合质量要求,当砂浆用于砌砖时,则应筛去大于 2.5 mm 的颗粒。

（2）按设计配合比称取各项材料用量,称量要准确。

（3）拌制前应将搅拌机、铁板、铁铲、抹刀等的表面用水润湿。

4. 方法与步骤

（1）人工拌和方法

①将称好的砂子放在铁板上,加上所需的水泥,用铁铲拌至颜色均匀为止。

②将拌匀的混合料集中成圆锥形,在堆上做一凹坑,将称好的石灰膏或黏土膏倒入凹坑中(若为水泥砂浆,将称好的水倒一部分到凹坑里),再倒入适量的水将石灰膏或黏土膏稀释,然后与水泥和砂共同拌和,逐次加水,仔细拌和均匀,水泥砂浆每翻拌一次,用铁铲压切一次。

③拌和时间一般需要 5 min,观察其色泽一致、和易性满足要求即可。

（2）机械拌和方法

①机械拌和时,应先搅拌砂浆,使搅拌机内壁黏附一薄层水泥砂浆。

②将称好的砂、水泥装入砂浆搅拌机内。

③开动砂浆搅拌机,将水徐徐加入(混合砂浆须将石灰膏或黏土膏稀释至浆状)。搅拌时间:水泥砂浆和水泥混合砂浆不得小于 120 s,对掺用粉煤灰和外加剂的砂浆不得小于 180 s。

④将砂浆拌合物倒在铁板上,用铁铲翻拌两次,使之均匀。搅拌好的砂浆拌合物进行下列实验。

五、砂浆的稠度实验

1. 目的

通过稠度实验,可以测得达到设计稠度时的用水量,并以此达到在施工中控制砂浆稠度,以达到控制用水量的目的。

2. 仪器设备

砂浆稠度仪、捣棒、台秤、拌锅、拌板、秒表等。

3. 实验方法与步骤

（1）将拌好的砂浆一次装入砂浆筒内,装至距离筒口约 10 mm 为止,用捣棒插捣 25 次,然后将砂浆筒在桌上轻轻振动 5 ~ 6 下,使之表面平整,随后移到砂浆稠度仪底座上。

（2）放松固定螺钉,使圆锥体的尖端和砂浆表面接触,并对准中心,拧紧固定螺钉,读出标尺读数,然后突然放开固定螺钉,使圆锥体自由沉入砂浆中 10 s 后,拧紧固定螺钉。读出下沉的距离(以 mm 计),即为砂浆的稠度值。

注:实验前应先将仪器擦净,并且滑杆能自由滑落。每桶砂浆只允许测定一次。

4. 实验结果评定

（1）以两次结果的算术平均值作为砂浆稠度测定结果,计算值精确至 1 mm。

（2）如两次实验值之差大于 20 mm,应重新取砂浆,搅拌后重新测定。

六、砂浆分层度实验

1. 目的

测定砂浆在运输及停放时内部组分的稳定性。

2. 主要仪器设备

分层度测定仪,其他仪器同稠度实验仪器。

3. 实验方法与步骤

(1)将拌好的砂浆,测出稠度值 k_1(mm)后,重新拌匀,一次注入分层度测定仪中。用木锤在容器周围距离大致相等的 4 个地方敲击 1~2 次,并随时添加砂浆,然后抹平。

(2)静置 30 min 后,去掉上层 200 mm 砂浆,然后取出底层 100 mm 砂浆重新拌和均匀,再测定砂浆稠度值 k_2(mm)。

(3)两次砂浆稠度值的差值($k_2 - k_1$)即为砂浆的分层度。

4. 实验结果评定

(1)取两次实验结果的算术平均值作为该砂浆的分层度值。

(2)两次分层度值如果大于 20 mm,应重新实验。

七、砂浆抗压强度实验

1. 目的

检验砂浆的实际强度是否达到设计要求。

2. 主要仪器设备

压力机、试模(规格 70.7 mm×70.7 mm×70.7 mm 无底试模)、捣棒、抹刀等。

3. 试件制作

(1)制作砂浆试件时,先将无底试模放在预先铺有吸水性较好的纸的普通黏土砖上(砖的吸水率不小于 10%,含水率不大于 20%),试模内壁事先涂刷薄层机油或脱模剂。

(2)放于砖上的湿纸,应为湿的新闻纸(或其他未粘过胶凝材料的纸),纸的大小要以能盖过砖的四边为准,砖的使用面要求平整,凡砖 4 个垂直面粘过水泥或其他胶凝材料后,不允许再使用。

(3)向试模内一次性注满砂浆,用捣棒均匀地由外向里按螺旋方向插捣 25 次,为了防止低稠度砂浆插捣后留下孔洞,允许用油灰刀沿模壁插数次,使砂浆高出试模顶面 6~8 mm。

(4)当砂浆表面开始出现麻斑状态时(15~30 min),将高出部分的砂浆沿试模顶面削去抹平。

4. 试件养护

(1)试件制作后应在(20±5)℃的室内静置一昼夜(24±2)h,当气温较低时,可适当延长时间,但不应超过两昼夜,然后对试件进行编号拆模。试件拆模后,应在标准养护条件下继续养护 28 天,然后进行试压。

(2)标准养护条件。

①水泥混合砂浆应为(20±3)℃,相对湿度 60%~80%。

②水泥砂浆和微沫砂浆应为(20±3)℃,相对湿度 90% 以上。

③养护期间,试件彼此间隔不少于 10 mm。

(3)自然养护。

当无标准养护条件时,可采用自然养护。

①水泥混合砂浆应在正温度、相对湿度为 60%~80% 的条件下(如养护箱中或不通风的室内)养护。

②水泥砂浆和微沫砂浆应在正温度并保证试件表面湿润的状态下(如湿砂堆中)养护。

③养护期间必须作好温度记录。在有争议时,以标准养护条件为准。

5.砂浆抗压强度测定

砂浆立方体抗压强度实验应按下列步骤进行:

(1)试件从养护地点取出后,应尽快进行实验,以免试件内部的温度湿度发生显著变化,实验前先将试件擦干,测量尺寸,并检验其外观。试件尺寸测量精确到1 mm,并据此计算试件的承压面积。如实测尺寸与公称尺寸之差不超过1 mm,可按公称尺寸进行计算。

(2)将试件安放在实验机的下压板(或下垫板)上,试件的承压面应与成型时的顶面垂直,试件中心与实验机下压板(或下垫板)中心对准。开动实验机,当上压板(或上垫板)与试件接近时,调整球座,使接触面均衡受压。承压实验应连续而均匀地加荷,加荷速度应为0.5 ~ 1.5 kN/s(砂浆强度5 MPa及5 MPa以下时,取下限为宜,砂浆强度5 MPa以上时取上限为宜),当试件接近破坏而开始迅速变形时,停止调整实验机油门,直至试件破坏,然后记录破坏荷载。

6.实验结果计算及确定

砂浆立方体抗压强度应按下列公式计算(精确至0.01 MPa)。

$$f_{m.cu} = \frac{N_u}{A}$$

式中 $f_{m,cu}$——砂浆立方体抗压强度,MPa;

N_u——立方体破坏压力,N;

A——试件承压面积, mm^2。

砂浆立方体抗压强度取值:以6个试件测值的算术平均值作为该组试件的抗压强度值,平均值计算精确至0.1 MPa。当6个试件的最大值或最小值与平均值的差超过20%时,以中间4个试件的平均值作为该组试件的抗压强度值。

八、思考题

砂浆的用水量对砂浆的性能有哪些影响? 如何评定砂浆的保水性?

实验三 石油沥青实验

一、取样方法

(1)同一批出厂、同一规格标号的沥青以20 t为一个取样单位,不足20 t应按一个取样单位。

(2)从每个取样单位的不同部位取5处洁净试样,每处所取数量大致相等,共1 kg左右,作为平均试样,对个别可疑混杂的部位,应注意单独取样进行测定。

二、针入度实验

1.目的

通过针入度的测定可以确定石油沥青的稠度,同时它也是划分沥青牌号的主要指标。

2.主要仪器设备

针入度仪、测针、照明灯、加热器、砂浴、三脚架、盛样皿等。

3.实验准备

(1)将沥青在120 ~ 180 ℃温度下脱水,脱水后的沥青试样放入金属皿,在砂浴上加热熔化,充分搅拌,并搅拌至空气泡完全消失为止。加热温度不得比试样估计的软化点高100 ℃,加热时间不超过30 min,筛去杂质。

(2)将试样注入盛样皿内,试样厚度应比预计针入度大10 mm,盖上盛样皿盖,以防落入灰尘,然后将其放于15~30 ℃的空气中冷却1.0~1.5 h(小试样皿)或1.5~2.0 h(大试样皿)。然后将盛样皿浸入恒温(25±0.5)℃的水浴中,小试样皿恒温1.0~1.5 h,大试样皿恒温1.5~2.0 h,水面应高出试样表面25 mm以上。

4.实验方法及步骤

(1)调整螺钉,使三角底座水平。

(2)将恒温后的盛样皿自水槽中取出,置于水温严格控制为25 ℃的平底保温皿中的三脚支架上,试样表面以上的水层高度应不少于10 mm,然后将保温皿置于针入度计的旋转圆形平台上。

(3)调整标准针使针尖与试样表面恰好接触(但不刺入),移动活杆使与标准针连杆顶端接触,必要时用放置在合适位置的光源反射来观察,并将刻度盘指标调整到"0"。

(4)用手紧压按钮,同时开动计时装置,使标准针自由地针入沥青试样,经规定时间(表3.13),放开按钮,使针停止针入。

表3.13 标准针自由地针入沥青试样的规定时间

	温度/℃	荷重/g	时间/s
标准规定	25	100±0.1	5
特定实验	0	200	60
	4	200	60
	46	50	5

注:荷重为标准针、针连杆与附加砝码合重。

(5)拉下活杆使与标准针连杆顶端接触,这时,指针也随之转动,刻度盘指针读数,即为试样的针入度(1/10 mm为1°)。

(6)在试样的不同点重复实验3次,各测点间及测点与金属皿边缘的距离应不小于10 mm,每次实验时,都应检查保温皿内水温是否恒定在25 ℃,每次实验后,将针取下,用浸有三氯乙烯溶剂的棉花将针尖端附着的沥青擦干净,然后用干布擦干净。

(7)测定针入度大于200的沥青试样时,至少用3根针,每次测定后,将针留在试样中,直至3次测定完成后,才能把针从试样中取出。

5.实验结果的计算

同一试样3次平行实验,实验结果的最大值和最小值之差在表3.14的允许偏差范围内时,计算3次实验结果的平均值,以整数作为针入度实验结果,其单位为0.1 mm。

表3.14 针入度实验结果允许偏差

针入度值/0.1mm	0~49	50~149	150~249	250~350	>350
允许差值/0.1mm	2~4	4~6	6~10	10~14	14

注:若实验结果偏差值超过上表规定的最大值时,结果无效,应重做实验。

三、沥青延度实验

1. 目的

延度是沥青塑性的指标,是沥青成为柔性防水材料的最重要性能之一。

2. 主要仪器设备

延度仪及试样模具、瓷皿或金属皿、孔径 0.6 ~ 0.8 mm 筛、温度计、金属板、砂浴、甘油滑石粉隔离剂等。

3. 试样制备

(1)将隔离剂拌和均匀,涂于金属板上及铜模侧模内表面,将"8"字模具在金属板上组装好。

(2)按针入度实验相同的方法准备沥青试样,使试样呈细流状,自模的一端至另一端往返注入,使试样略高出模具。

(3)试样在室温空气中冷却 30 ~ 40 min 后取出,然后放入规定的实验温度(25 ℃ 或 15 ℃)的水浴中,保持 30 min 后取出,用热刮刀将高出试模部分的沥青刮掉,注意刮时应自模的中间向两边刮,直到与模面齐平、光滑为止。将试体连同金属板再浸入规定实验温度的水浴中 1 ~ 1.5 h。

4. 实验方法及步骤

(1)检查延度仪拉伸速度是否符合规定要求,移动滑板使指针正对标准尺的零点,向延度仪中注入规定温度的水,并使水面保持高于试件上表面 25 mm 以上,使水温保持在实验规定温度 ±0.5 ℃。

(2)将保温后的试件连同底板移至延度仪的水槽中,然后将试样连同试模自底板上取下,将试模两端的孔分别套在滑板及槽端的金属柱上,去掉侧模。

(3)启动延度仪,使试样在始终保持规定温度的温水中以 (5 ± 0.25) cm/s 的速度进行拉伸,观察试样延伸情况。实验中仪器不得振动,水面不得晃动。如果发现沥青细丝上浮或沉入槽底,则应在水中加入酒精或食盐水调整水的密度,使水溶液的密度与试样密度相近后重新进行实验。

(4)试样拉断时指针所指标尺上的读数即为试样的延度值,单位为 cm。

5. 实验结果确定

(1)正常情况下,试样拉断后是锥尖状,实际断口横断面应接近零。如果与上述结果差异较大,应在报告中注明。

(2)同一试样,每次平行实验不少于 3 个,如果 3 个测定结果均大于 100 cm,实验结果记作 " >100 cm";如有特殊需要也可以分别记录实测值。如果 3 个测定结果中有一个以上的测定值小于 100 cm,且最大值或最小值与平均值之差满足重复性实验精度要求,则取 3 个测定结果平均值的整数作为延度实验结果;若平均值大于 100 cm,记作 " >100 cm"。若最大值或最小值与平均值不符合重复性实验精度要求,应重做实验。

(3)精确度。当实验结果小于 100 cm 时,重复性实验的允许偏差为平均值的 20%;再现性实验的允许偏差为平均值的 30%。

四、软化点的测试

1. 目的

软化点是反映沥青在温度作用下,黏度和塑性改变程度的指标,它是在不同环境下选用沥青的最重要指标之一。

2. 主要仪器设备

软化点实验仪、砂浴、瓷皿或金属皿、电炉及加热器,玻璃板(或金属板)、筛孔为 0.6 ~ 0.8 mm 的筛、甘油滑石粉隔离剂、新煮沸的蒸馏水等。

3. 实验准备

(1)将试样环置于涂有甘油滑石粉隔离剂的金属板或玻璃板上,按针入度制备试样的方法制备沥青试样,然后将流态的沥青徐徐注入试样环内,至略高于环面为止。

(2)当估计试样软化点高于 120 ℃时,应将试样和金属底板(不得用玻璃板)预先加热至 80 ~ 100 ℃。

(3)试样在室温冷却 30 min 后,并用热刮刀刮除环面上高出的多余试样(使之与环上口平齐)。

4. 实验步骤

(1)试样软化点在 80 ℃以下者。

①将装有试样的试样环连同试样底板置于装有(5 ±0.5)℃的保温槽水中至少 15 min;同时将金属支架、钢球、钢球定位环等也置于相同水槽中。

②向烧杯内注入新煮沸并冷却到 5 ℃的蒸馏水,水面略低于立杆上的刻度标记。

③从保温槽水中取出盛有试样的试样环,并放置在支架中层板的圆孔中,套上定位环;将整个环架放入烧杯中,调整水面至刻度标记,保持水温为(5 ±0.5)℃(注意,环架上任何部分不得附有气泡)。将 0 ~ 80 ℃的温度计由上层板中心孔垂直插入,使端部测温头与试样环下面平齐。

④将盛有水和环架的烧杯移至放有石棉网的加热炉具上,然后将钢球放在定位环中间试样上表面的中央,立即加热,使杯中水温在 3 min 内维持每分钟升温(5 ±0.5)℃(注意:在加热过程中,如温度上升超出此范围时,应重做实验)。

⑤试样受热时软化并逐渐下坠,至与下层底板表面接触时,立即读取温度,精确至 0.5 ℃。

(2)试样软化点在 80 ℃以上时。

①将装有试样的试样环连同试样底板置于装有(32 ±1)℃甘油的保温槽中,同时将金属支架、钢球、钢球定位环等也置于甘油中,恒温 15 min。

②在烧杯内注入预先加热到 32 ℃的甘油,其液面略低于立杆上的刻度标记。

③从保温槽中取出装有试样的试样环,按(1)中的实验方法进行测定,读取温度精确至 0.5 ℃。

5. 实验结果

(1)同一试样平行实验两次,当两次测定值的差值符合重复性实验精度要求时,取其平均值作为软化点实验结果,精确至 0.5 ℃。

(2)精度的允许偏差。当试样软化点小于 80 ℃时,重复性实验的允许偏差为 2 ℃,再现性实验的允许偏差为 8 ℃。

五、石油沥青试样结果的鉴定

将以上测试所确定的针入度、延度、软化点参照表,用针入度指标划分牌号,同时要求延度、软化点满足要求。

六、思考题

1. 沥青实验时为什么要严格控制实验温度？

2. 沥青的针入度、延度、软化点这3个指标之间有何关系？

实验四　泵送混凝土配合比设计实验

一、实验目的

了解泵送混凝土配合比设计的全过程，培养综合设计实验能力，研究粉煤灰在混凝土中的作用，熟悉混凝土和易性和强度的实验方法，并根据实验室现有设备，运用本地原材料，完成一个高强度大流动性的泵送混凝土配合比设计。

二、实验要求

由学生根据实验室现有原材料和提供的工程条件，依据《普通混凝土配合比设计规程》（JGJ 55—2011）中泵送混凝土的规定，独立设计出符合要求的泵送混凝土配合比，然后确定实验方案，设计实验路线，选择实验方法和步骤，选用仪器设备，提出实验预案，经指导老师同意后，独立操作完成实验，并写出实验报告，报告应对实验结果是否达到预定目标进行讨论。

三、泵送混凝土原材料要求

泵送混凝土施工，要求混凝土具有可泵性。所谓混凝土的可泵性，即指混凝土拌合物在泵压作用下能在输送管道中连续稳定地通过而不产生离析的性能。这对能否顺利泵送、泵送过程中是否堵管以及混凝土泵的使用寿命都有很大的影响。可泵性良好的混凝土具有较好的粘塑性，混凝土泌水小，不易分离，否则在泵送过程中易产生堵管。可保证可泵性，泵送混凝土对原材料要求较严，具体如下：

1. 胶凝材料——水泥

①水泥品种：对混凝土可泵性有一定影响，根据我国工程实践的经验，泵送混凝土应选用硅酸盐水泥、普通水泥、矿渣水泥和粉煤灰水泥，并不宜采用火山灰质硅酸盐水泥。且均应符合相应水泥标准的规定。

②水泥用量：在泵送混凝土中，水泥砂浆起到润滑输送管道和传递压力的作用，所以在泵送混凝土中，水泥用量的多少对泵送混凝土的可泵性是非常重要的。水泥用量过少，混凝土和易性差，泵送阻力大，泵和输送管的磨损加剧，容易堵管。水泥用量过多不但不经济，而且水泥水化热高，对大体积混凝土会引起过大的温度应力而产生温度裂缝。此外，水泥用量过多，混凝土黏性增高，也会增大泵送阻力。因此，与普通混凝土一样，泵送混凝土应尽量减少水泥用量，但必须以保证混凝土的设计强度和顺利泵送为前提。

为保证混凝土的可泵性，有最小水泥用量限制。我国《混凝土结构工程施工及验收规范》（GB 50204—2011）规定泵送混凝土的最小水泥用量为 300 kg/m³。

2. 骨料

骨料的种类、形状、粒径及级配，对泵送混凝土的性能有很大影响，必须予以严格控制。

（1）粗骨料——石子

粗骨料的最大粒径要控制，这是管道输送所需要的。泵送混凝土所用粗骨料的最大粒径与输送管内径之比：当泵送高度在 50 m 以下时，对碎石不宜大于 1:3，对卵石不宜大于 1:2.5；泵送高度在 50~100 m 时，对碎石不宜大于 1:4，对卵石不宜大于 1:3；泵送高度在 100 m 以上时,对碎石不宜大于1:5,对卵石不宜大于1:4(这是从3个石子在同一断面处相遇最容易引起阻塞的原理推算出来的);粗骨料应采用连续级配,且针片状颗粒含量不宜大于10%。

(2)细骨料——砂

泵送混凝土宜采用中砂,其通过0.315 mm筛孔的颗粒含量不应小于15%(最好能达到20%);通过0.16 mm筛孔的颗粒含量不应小于5%。其中粒径在0.315 mm以下的颗粒所占的比例对改善泵送混凝土的泵送性能非常重要,在很多情况下,这部分颗粒所占的比例大小会影响正常的泵送施工,如果这部分颗粒较少,可掺加粉煤灰加以弥补。

3. 水

拌制泵送混凝土所用的水应符合现行国家标准《混凝土用水标准》(JGJ 63—2006)的规定。可采用洁净的自来水或清洁的天然水。

4. 外加剂

泵送混凝土应掺用泵送剂或减水剂。

5. 活性掺合料

泵送混凝土宜掺适量粉煤灰或其他活性掺合料,当掺粉煤灰时,其质量应符合现行国家标准《用于水泥和混凝土中的粉煤灰》(GB 1596—2017)、《粉煤灰混凝土应用技术规范》(GBJ 146—1990)中规定的Ⅰ、Ⅱ级粉煤灰的要求。

四、泵送混凝土配合比设计规定

泵送混凝土的配合比计算和试配按普通混凝土配合比设计规定进行,为保证良好的可泵性,泵送混凝土对配合比要求较高,一般应符合以下规定。

1. 泵送混凝土配合比

除必须满足混凝土设计强度、耐久性和经济性、和易性的要求外,尚应使混凝土满足可泵性要求。

2. 泵送混凝土配合比设计

应符合现行国家标准《普通混凝土配合比设计规程》(JGJ/T 55—2011)、《混凝土结构工程施工及验收规范》(GB 50204—2011)、《混凝土强度检验评定标准》(GB/T 50107—2010)和《预拌混凝土》(GB 14902—2012)的有关规定,并应根据混凝土原材料、泵的种类、输送管的直径、泵送距离、气候条件、浇注部位及浇注方法等具体施工条件经过实验确定配合比,必要时,应通过试泵送确定泵送混凝土配合比。

3. 混凝土的可泵性

可用压力泌水实验结合施工经验进行控制。一般10 s时的相对压力泌水率S_{10}不宜超过40%。

4. 泵送混凝土的坍落度

泵送混凝土最佳的坍落度范围为100~180 mm,特殊情况,允许放宽至80~200 mm。混凝土坍落度太小(<50 mm),摩擦力很大,泵送阻力增大,虽然可以通过提高泵压(约5.0 MPa)来实现泵送,但在此高压下,混凝土极易吸水,最终使管路堵塞。但如混凝土坍落度过大(20 mm以上),虽然泵压降低,但混凝土拌合物容易产生泌水或离析,也会造成管道堵塞。

泵送混凝土施工时的坍落度,可按现行国家标准《混凝土结构工程施工质量验收规范》(GB 50204—2015)的规定选用。对不同泵送高度混凝土,入泵时混凝土的坍落度见表3.15。

表 3.15　不同泵送高度混凝土入泵坍落度选用表

泵送高度/m	<30	30~60	60~100	>100
坍落度/mm	100~140	140~160	160~180	180~200

混凝土拌合物制备后,在运输过程中坍落度会有所损失,其坍落度经时损失值见表 3.16。

表 3.16　混凝土坍落度经时损失值

大气温度/℃	10~20	20~30	30~50
混凝土坍落度经时损失值/mm (掺粉煤灰和木钙,经时 1 h)	5~25	25~35	35~50

注:掺粉煤灰与其他外加剂时,坍落度经时损失值可根据施工经验确定。无施工经验时,应通过实验确定。

普通混凝土泵送过程的坍落度损失为 10~15 mm。

泵送混凝土试配时要求的坍落度值应按下式计算。

$$T_t = T_p + \Delta T$$

式中　T_t——试配时要求的坍落度值;

　　　T_p——入泵时要求的坍落度值(表 3.15);

　　　ΔT——实验测得在预计时间内的坍落度经时损失值(表 3.16)。

5. 泵送混凝土的水灰比

混凝土拌合物在输送管中流动时,必须克服管壁的摩阻力,而摩阻力的大小与混凝土的水灰比有关。随着水灰比减少,摩阻力逐渐增大,当水灰比小于 0.40 后,摩阻力急剧增大。所以确定泵送混凝土的配合比时,其水灰比不宜低于 0.40。但是,水灰比过大,摩阻力并没有明显减小,反而会引起硬化后的混凝土收缩量增加,有产生裂缝的危险。因此,泵送混凝土的水灰比一般也不宜超过 0.60。

6. 泵送混凝土的砂率

输送泵送混凝土的输送管,除直管外,还有锥形管、弯管、软管等。当混凝土拌合物经过上述锥形管和弯管时,混凝土颗粒间的相对位置会产生变化,此时,如砂浆量不足便会产生堵塞。因此,泵送混凝土与普通混凝土相比,宜适当提高砂率以适应管道输送的需要。但砂率过大,不仅会引起水泥用量和用水量的增加,而且会使混凝土强度降低。因此,泵送混凝土应在保证可泵性的情况下尽量降低砂率,我国规定泵送混凝土的砂率宜控制在 38%~45%,配制高强泵送混凝土时可适当降低。

在确定泵送混凝土配合比时确定砂率,不但要考虑可泵性,而且还要考虑粗骨料的颗粒形状和级配,对以碎石为骨料的普通混凝土,同济大学建议的范围选取,见表 3.17。

表 3.17　泵送混凝土适宜砂率范围

粗骨料最大粒径/mm	适宜砂率范围/%
25	41~45
40	39~43

7. 水泥用量

泵送混凝土的水泥用量不宜小于 $300 \ kg/m^3$，最佳水泥用量应根据混凝土的设计强度等级、泵压、输送距离等通过试配、试泵确定。

8. 泵送混凝土应掺加适量外加剂，并应符合现行国家标准《混凝土泵送剂》（JC 473—2016）的规定和具体品种使用说明书的要求，并经过实验确定，不得任意使用。

9. 掺用引气型外加剂的泵送混凝土时，含气量不宜大于4%。

五、泵送混凝土配合比设计实验步骤

1. 原材料性能实验

（1）水泥性能实验。它包括安定性实验、胶砂强度实验等。实验方法参照实验二。

（2）砂性能实验。砂的表观密度测定、堆积密度测定以及筛分析实验参照实验三。

（3）石性能实验。石的表观密度测定、堆积密度测定以及筛分析实验参照实验四。

2. 基准配合比的确定

建议按照《普通混凝土配合比设计规程》（JGJ 55—2011）计算出供试配的配合比，视情况进行初步配合比的试配，作为泵送混凝土配合比设计的基准配合比，也可由指导教师提供基准配合比。

3. 根据工程特点，选择合适的粉煤灰掺入方法

粉煤灰的掺入方法有超量取代法、等量取代法和外加法。

超量取代法是在粉煤灰总掺量中，一部分取代等质量的水泥，超量部分取代等体积的砂。大量粉煤灰的增强效应补偿了取代水泥后所降低的早期强度，使掺入前后的混凝土强度等效。粉煤灰可改善拌合物的流动性，可抵消由于水泥减少而对拌合物流动性的影响，使掺入前后的拌合物流动性等效。超量取代法是最常用的一种方法。

等量取代法是用粉煤灰取代等质量水泥并相应调整其他材料的用量。当混凝土强度偏高或配制大体积混凝土时采用此方法。

外加法是在不改变水泥用量的情况下加入适量粉煤灰，并相应调整砂的用量。当混凝土和易性不佳时可采用此法。

如工程工期紧，要求混凝土的早期强度较高，且为泵送混凝土，要求流动性好，则采用超量取代法更为有利。

4. 进行泵送混凝土配合比的试配和调整并确定最终配合比

配合比试配中涉及的实验方法参照普通混凝土配合比设计实验进行。

六、思考题

粉煤灰的掺入方法有哪些？各有何特点？常用哪种方法？

第四章
土工实验

土工实验是整个土力学课程教学中的一个重要实践环节,对提高学生的综合素质、培养学生的实践能力与创新能力具有非常重要的作用。它不仅起着巩固课堂理论、增强学生对土的各种工程性质的理解等重要作用,而且是学生学习科学实验方法和培养实验技能的重要实践途径,培养学生严谨认真的科学态度,提高分析问题和解决问题的能力。

通过实验教学,学生能够熟悉、巩固所学的理论知识,掌握所学土力学的室内实验方法,培养扎实的土工实验技能。

土木工程专业必做的土工实验包括土的压缩实验和抗剪强度实验。

第一节 必修实验

实验一 土的压缩实验

土的压缩是土体在荷载作用下产生变形的过程。压缩实验的目的是测定试样在侧限与轴向排水条件下的变形和压力或孔隙比和压力的关系曲线,并根据孔隙比和压力关系曲线(e-p曲线)计算出压缩系数和压缩模量等土的压缩性指标,以便判断土的压缩性和计算基础沉降时用。此外,由饱和黏性土的压缩实验也可得到土在某一压力下变形与时间的关系曲线,从而估算土的固结系数和渗透系数。

压缩实验通常只用于黏性土,由于砂土的压缩性较小,且压缩过程需时也很短,故一般不在实验室里进行砂土的压缩实验。

压缩实验可根据工程要求用原状土或制备所需要状态的扰动土,可采用常速法或快速法。本实验主要采用非饱和的扰动土样,并按常速法步骤进行,但为了能在实验课的规定时间内完成实验,要缩短加荷间隔(具体时间间隔由教师决定)。在压缩实验进行前,必须先测定土样的湿密度、含水量和相对密度。

一、实验内容

(1)根据工程需要提供原状土样或制备所需湿度、密度的扰动土样。

（2）推荐用环刀法求出该土样的湿度、密度。

（3）推荐用烘干法求出该土样的含水量。

（4）推荐用比重瓶法测定土的相对密度。

（5）利用单杠杆固结仪测定土的压缩系数 a 和压缩模量 E_s。

二、实验方法

1. 密度的测定（环刀法）

单位体积土的质量称为土的密度。

密度的测定，对一般黏性土采用环刀法，如试样易碎或难以切削成有规则的形状时可采用蜡封法等。本实验采用环刀法。

（1）仪器设备

①环刀：内径 60～80 mm，高 20 mm，壁厚 1.5～2.0 mm（图 4.1）。

②天平：称量 500 g 以上，感量 0.1 g。

③直口切土刀、凡士林等。

（2）实验步骤

①取原状土或取按工程需要制备的重塑土，用切土刀整平其上下两端，将环刀向内壁涂一薄层凡士林，刀口向下放在土样整平的面上。

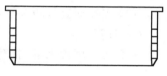

图 4.1　环刀剖面图

②用切土刀将土样上部修削成略大于环刀口径的土柱，然后将环刀垂直均匀下压，边压边削，至土样伸出环刀上口为止，削去环刀两端余土并修平土面使与环刀口平齐。

③擦净环刀外壁，称环刀加土的质量（m_1），准确到 0.1 g。

④记录 m_1、环刀号码、环刀质量（m_2）和环刀体积（V）。

（3）计算公式

按下式计算密度。

$$\rho = \frac{m_1 - m_2}{V}$$

式中　ρ——土的密度，又称湿密度，g/cm^3；

$\quad\quad m_1$——环刀加土的质量，g；

$\quad\quad m_2$——环刀的质量，g；

$\quad\quad V$——环刀体积，cm^3。

（4）有关问题的说明

①用环刀切试样时，环刀应垂直均匀下压，防止环刀内试样结构扰动。

②夏天室温很高。为了防止称质量时试样中水分被蒸发，影响实验结果，宜用两块玻璃片盖住环刀上、下口称取质量，但计算时必须扣除玻璃片的质量。

③每组做两次平行测定，平行差值不得大于 0.03 g/cm^3。

2. 含水量的测定（烘干法）

土的含水量是土在 100～105 ℃下烘至恒重时所失去的水分质量与土颗粒质量的比值，用百分数表示。

本实验采用烘干法，此法为室内实验的标准方法。

（1）仪器设备

①电烘箱（或红外线烘箱）。

②天平：感量 0.01 g。

③烘土盒：又称为称量盒。

④干燥器：用无水氯化钙作干燥剂。

（2）实验步骤

①选取有代表性的试样不少于 15 g（砂土或不均匀的土应不少于 50 g），放入烘土盒内立即盖紧，称烘土盒和湿土质量（m_1），准确至 0.01 g，记录 m_1、烘干盒号码、烘干盒质量 m_3（由实验室提供）。

②打开烘土盒盖，放入电烘箱中在 100～105 ℃温度下烘至恒重（烘干时间一般自温度达到 100～105 ℃算起不少于 6 h）。然后取出烘干盒，加盖后放进干燥器中，使冷却至室温。

③从干燥器中取出烘土盒，称烘土盒加烘干土的质量（m_2），准确至 0.01 g，并将此质量记入表格内。

④本实验须进行两次平行测定。

（3）计算公式

按下式计算含水量（精算至 0.1%）。

$$\omega = \frac{m_1 - m_2}{m_2 - m_3} \times 100\%$$

式中　$m_1 - m_2$——试样中所含水的含量；

　　　$m_2 - m_3$——试样土颗粒的质量。

（4）有关问题的说明

①含水量实验用的土应在打开土样包装后立即采取，以免水分改变，影响结果。

②本实验须进行平行测定，每一学生取两次试样测定含水量，取其算术平均值作为最后成果。但两次实验的平行差值不得大于下列规定，见表 4.1。

表 4.1　允许平行差值表

含水量/%	允许平行差值/%
<40	1
≥40	2

③烘土盒中的湿试样质量称取以后由实验室负责烘干，同学们在 24 h 以后抽时间来实验室称干试样的质量。

3.相对密度的测定（比重瓶法）

土粒的相对密度是土在 100～105 ℃下烘至恒重时土粒的密度与水的密度之比值。

相对密度实验的方法取决于试样的粒度大小和土中是否含有水溶盐，如果土中不含水溶盐，可采用相对密度瓶和纯水煮沸排气法。土中含有水溶盐时要用相对密度瓶和中性液体真空排气法。粒径都大于 5 mm 时则可采用虹吸筒法或体积排水法。本次实验采用相对密度瓶和纯水煮沸排气法。

（1）仪器设备

①相对密度瓶：容量 100 mL（图 4.2）。

②天平：称量 200 g，感量 0.001 g。

③恒温水槽：灵敏度 ±1℃。

④电热砂浴。

⑤孔径 2 mm 土样筛、烘箱、研钵、漏斗、盛土器、纯水等。

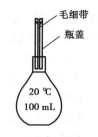

图 4.2　100 mL 比重瓶

（2）实验步骤

①试样制备。将风干或烘干的试样约 100 g 放在研钵中研碎，使全部通过孔径为 5 mm 的筛，如试样中不含大于 5 mm 的土粒，则不需要过筛。将已筛过的试样在 100~105 ℃下烘至恒重后放入干燥器内冷却至室温备用（此项工作由实验室工作人员负责完成）。

②将烘干土约 15 g，用漏斗装入烘干的相对密度瓶内并称其质量，得瓶加土的质量 m_1，准确至 0.001 g。

③将已装有干土的相对密度瓶，注纯水至瓶的一半处。

④摇动相对密度瓶，使土粒初步分散，然后将相对密度瓶放在电热砂浴上煮沸（注意将瓶塞取下）。煮沸时要注意调节砂浴温度，避免瓶内悬液溅出。煮沸时间从开始沸腾时算起，砂土和粉土不少于 30 min，粉质黏土和黏土不少于 1 h。本次实验因时间关系煮沸时间由教师根据具体情况决定。

⑤将相对密度瓶从砂浴上取下，注入纯水至近满，然后放相对密度瓶于恒温水槽内，待瓶内悬液温度稳定后（与水槽内的水温相同），测记水温（T），准确至 0.5 ℃（注：本实验室槽内水温控制在 20 ℃）。

⑥轻轻插上瓶塞，使多余水从瓶塞的毛细管溢出（溢出的水必须是不含土粒的清水）。取出相对密度瓶，擦干相对密度瓶外部，称瓶加水加土的总质量（m_4），准确至 0.001 g。

（3）计算公式

按下式计算相对密度。

$$d_s = \frac{m_0}{m_0 + m_3 - m_4} \cdot \frac{\rho_{wt}}{\rho_{4℃}}$$

式中　m_0——干土质量，$m_0 = m_1 - m_2$，g；

　　　m_1——瓶加土质量，g；

　　　m_2——瓶质量，g；

　　　m_3——瓶加水质量，g；

　　　m_4——瓶加水加土质量，g；

　　　ρ_{wt}——水在 t ℃的密度，等于 1 g/cm³；

　　　$\rho_{4℃}$——水在 4 ℃的密度，等于 1 g/cm³。

（4）有关问题的说明

①煮沸的作用是破坏试样中尚存的团粒和封闭的孔隙，排出空气以使土粒分散。在规定的煮沸时间内，为防止带土粒的悬液从瓶中冲出，必须随时守候观察，当发现有可能冲出时，除可调节砂浴温度外，必要时可用滴管滴入数滴冷纯水，使之稍作降温。

②相对密度瓶的计算容积是指相对密度瓶从瓶塞顶部毛细管管口以下部分的空间容积，

因此无论称量 m_3 或 m_4 时,瓶中水面都必须与瓶塞毛细管管口平齐。

③每组做两次平行测定,平行差值不得相差 0.02,取其算术平均值,以两位小数表示。

4.压缩实验(常速法)

(1)基本要求

①要求学生在侧限压缩仪中测定土的压缩性,绘制该土的压缩曲线(e-p 曲线)。

②求出 a_{1-2} 和 E_{s1-2},并判断该土样的压缩性。

③仔细观察土的变形与时间关系这一重要特征。

(可以绘制出每一级荷载作用下的 s-t 曲线)。

(2)仪器设备

①小型固结仪(图4.3)。

②百分表:量程 10 mm,精度 0.01 mm。

③密度实验和含水量实验所需的仪器设备。

④秒表和仪器变形量校正表等。

(3)实验步骤

①由实验室提供制备好的扰动土样一个。

②从压缩仪容器中取出环刀,按密度实验方法切取试样,并取土留作测含水量。如系原状土样,切土的方向应与天然地层中的上下方向一致。然后称环刀和试样总质量,扣除环刀质量后得湿试样质量(m)并计算出土的密度。

③用切取试样时修下的土测定含水量(ω),平行做两次实验,取算术平均值。

④在压缩仪器底座内,放置一块略大于环刀的洁净而湿润的透水石,将切取的试样连同环刀一起(注意刀口向下)放在透水石上,然后在试样上依次放上护环以及与试样面积相同的洁净而湿润的透水石、传压活塞和钢珠,安装好后待用,如图4.4所示。

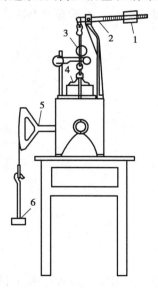

图 4.3 小型固结仪

1—平衡锥;2—上杠杆;3—百分表;

4—压缩仪;5—下杠杆;6—砝码

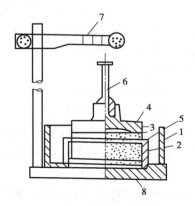

图 4.4 固结仪示意图

1—水槽;2—护环;3—环刀;4—加压上盖;

5—透水石;6—量表导杆;7—量表架;8—试样

⑤检查加压设备是否灵活,然后平衡加压部分(此项工作由实验室代做)。平衡加压部分的方法是转动上杠杆的平衡锤,使下杠杆之弧形轮向上 $10° \sim 15°$,而上杠杆为水平时即平衡完毕(目测水平情况)。

⑥将安装好的压缩仪容器放在框架内横梁上,使横梁与球柱接触,插入活塞杆然后装上百分表使其接触活塞杆顶面,并调节其伸长距离使之不小于 8 mm(注意检查百分表是否灵活和垂直)。读百分表读数(为初数 R_0)后即可进行实验。

⑦轻轻施加第一级荷载 50 kPa(其中托盘质量 0.75 kg,加上一质量为 0.75 kg 的小砝码,土样面积 30 cm²),并开动秒表,开始计时。

⑧可按下列时间测记读数:15′,1′,2′,10′,20′,60′,120′,24 h 直至试样沉降稳定为止。当不需要测定沉降速率时,则施加每级压力后 24 h,认为土样已稳定,因时间关系可按教师指定的时间读数。读数精确到 0.01 mm。

⑨记下稳定读数后,用同样的方法施加第二、第三、第四、第五级荷载(分别为 100,200,300,400 kPa),记录各级压力下试样变形稳定的百分表读数(R_2,R_3,R_4,R_5)。

⑩实验结果后,必须先卸除百分表,然后卸掉砝码,升起加压框,移出压缩仪器,取出试样并测定其风干含水量,最后将仪器擦洗干净。

(4)成果整理。

①按下式计算实验前孔隙比 e_0。

$$e_0 = \frac{d_s \cdot \rho_w (1 + \omega)}{\rho} - 1$$

式中　d_s——土粒的相对密度;

　　　ρ_w——水的密度,一般可取 $\rho_w = 1$ g/cm³;

　　　ω——实验开始时试样的含水量,%;

　　　ρ——实验开始时试样的密度,g/cm³。

②计算试样在任一压力 P(kPa)作用下变形稳定后的试样总变形量 S_i。

$$S_i = R_0 - R_i - S_{ie}$$

式中　R_0——实验前百分表初读数,mm;

　　　R_i——试样在任一级压力 P_i(kPa)作用下变形稳定后的百分表读数,mm;

　　　S_{ie}——各级荷载下仪器变形量,mm(由实验室提供资料)。

③按下式计算各级压力下试样变形稳定时的孔隙比 e(推导见下面附注)。

$$e_i = e_0 - \frac{S_i}{h_0}(1 + e_0)$$

④以 p 为横坐标,e 为纵坐标,绘制压缩曲线(e-p 曲线)。

⑤计算压缩系数 a_{1-2}。

$$a_{1-2} = 1\,000\,\frac{e_1 - e_2}{p_2 - p_1}$$

(5)有关问题说明

①仪器本身的变形量,环刀的质量、面积、高度均可在实验仪器资料表中查取。

②实验前可参照(图4.5)练习百分表的读数方法,防止读数错误而无法获得实验结果。

③每组做一个试样,每人独立完成实验报告,不得抄袭,可以相互校核。

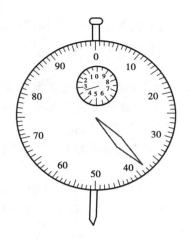

图 4.5　百分表

附百分表读数方法如下：

长针：一小格 = 0.01 mm；短针：一小格 = 1.0 mm，此图所示相应读数为 3.37 mm

三、要求和建议

(1)本次实验项目较多,事先必须做好预习。

(2)实验数据必须立即填入表格,注意不要漏记仪器号码及其他必要数据。

(3)计算及填写实验结果时,注意必要的位数和单位。计算时要画出三相草图,尽可能地在图上将数值填入,要灵活运用公式。

(4)预习时建议到实验室详细了解侧限压缩仪和加力设备的构造。

(5)不要忘记抄录仪器变形量。

(6)实验 24 h 以后可以来实验室称干土质量,然后进行计算,完成报告。

(7)绘制压缩曲线时,注意选用适当的比例尺(主要是纵坐标)。

四、预习问题

(1)密度、相对密度、含水量、孔隙比、孔隙率、饱和度、干土密度及饱和土密度的定义是什么?

(2)什么时候必须测定土的密度、相对密度和含水量? 实验结果有什么用处?

(3)解释求相对密度的公式:

$$d_s = \frac{m_0}{m_0 + m_3 - m_4} \cdot \frac{\rho_{wt}}{\rho_{4℃}}$$

(4)相对密度测定中煮沸的目的何在? 放入恒温水槽的目的何在? 应该特别注意做好哪些步骤才能得到准确的实验结果?

(5)做压缩实验的目的是什么? 请联系具体工程问题去思考。

(6)a_{1-2} 和 E_{s1-2} 的物理意义是什么? 有什么用途?

附注:假定土样的压缩仅仅是由于孔隙体积的压缩(图 4.6)。土样是在侧限条件下压缩,则土样在 p_i 作用下产生应变

$$\varepsilon = \frac{S_i}{h_0}$$

图 4.6　压缩示意图

式中　S_i——在 P_i 作用下的变形量；

h_0——土样原始高度。

在三相图上如令固体颗粒体积 $V_s = 1$，则孔隙体积 $V_v = e_0$。

因应变 $\varepsilon = \dfrac{e_0 - e_1}{1 + e_0}$，故得 $\dfrac{S_i}{h_0} = \dfrac{e_0 - e_i}{1 + e_0}$，所以 $e_i = e_0 - \dfrac{S_i}{h_0}(1 + e_0)$。

实验二　抗剪强度实验

剪切实验的目的是测定土的抗剪强度指标，即土的内摩擦角 φ 和黏聚力 c。

目前测定抗剪强度的方法和相应的仪器种类很多，现将常用的几种剪切实验简述如下：

（1）三轴剪切实验：通常用 3～4 个圆柱形试样，分别在三轴剪力仪上施加不同的恒定周围压力即小主应力 σ_3，然后施加轴向压力[即主应力差$(\sigma_1 - \sigma_3)$]，使土样中的剪应力逐渐增大，直至试样的剪切被破坏。最后根据摩尔-库伦定理求得该土的抗剪强度曲线。

（2）直接剪切实验：它是测定土体抗剪强度的一种常用方法。通常采用 4 个试样，在直接剪切仪上分别在不同的垂直压力 P 下，施加水平剪切力，试样在规定的受剪面上进行剪切，求得土样破坏时的应剪力 τ_i，然后绘出剪应力 τ_i 和垂直压力 P 的关系曲线，即抗剪强度曲线。直接剪切仪又分为应变控制式和应力控制式。本实验用应变控制式直剪仪进行快剪实验。

一、实验要求

（1）由实验室提供制备土样，要求学生用快剪法在直接剪切仪中测定该土的抗剪强度指标 φ 和 c 的数值。

（2）参观三轴剪力仪和应力控制式直接剪切仪。

二、实验方法

应变控制式直接剪切仪快剪法。

1. 仪器设备

（1）应变控制式直剪仪（图 4.7）。

（2）百分表：量程 10 mm；精度 0.01 mm。

（3）秒表。

（4）切试样的用具等。

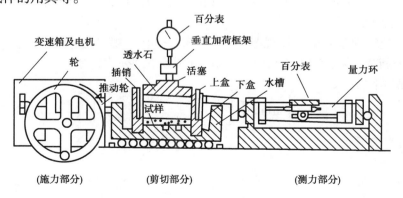

图 4.7　电动应变控制式直剪仪

应变控制式直剪仪的主要特点是剪切力（水平力）通过转动手轮，使轴向前移动而推动底座施加给下盒，剪力的数值利用量力环测出（量力环是一个钢环，事先已知每单位变形时所受的压力,故在实验时用百分表测得量力环径向变形数值即可算出所受的应力值)。本仪器对黏性土和砂性土均适用。

2. 实验步骤

(1)根据工程需要,从原状土或制备成所需状态扰动土中用环刀切 4 个试样。若是原状土样,切试样方向应与土在天然地层中的上下方向一致。

(2)在下盒内顺次放入透水石和蜡纸(或塑料纸),然后用插销将上、下剪切盒固定好。

(3)将带试样的环刀刃口向下,对准剪切盒口,将试样从环刀内推入剪切盒中,顺次放上蜡纸和透水石各一。然后放上活塞、钢球。装上垂直加压设备(暂勿加砝码)。

(4)在量力环上安装百分表。百分表的测杆应平行于量力环受力直径方向,调整百分表使其指针指某一整数(即长针指零,并作为起始零读数)。

(5)慢慢转动手轮,至上盒支腿与量力环钢球之间恰好接触,即量力环中百分表指针刚开始触动时为止。

(6)在试样上施加垂直荷载。按第一个试样上应加的垂直压力(100 kPa)计算出应加荷载,扣除加压设备本身质量,即得应加砝码数(试样面积及加压设备质量可查实验室的资料表)。

(7)拔出固定插销。开动秒表,同时以 0.8 mm/min 的剪切速度均匀地转动手轮,进行剪切。当量力环中百分表指针不再前进而出现后退或剪切变形量达试样直径的 1/15 ~ 1/10 时,认为试样已经剪损,记录百分表指针最大读数(代表峰值抗剪强度),用 0.01 mm 作单位,估读至 0.001 mm(即以百分表上大度盘的"格"作单位,估读至 0.1 格)。

(8)反转手轮,卸除垂直荷载和加压设备,取出已剪损的试样,刷净剪切盒,装入第二个试样。

(9)第二、第三、第四个试样分别施加 200,300,400 kPa 垂直压力后按同样步骤进行实验。

3. 成果整理

(1)计算每个试样在一定垂直压力下的抗剪强度(τ_f)。

$$\tau_f = c'R$$

式中 R——该试件在剪损时的百分表最大读数,0.01 mm;

  c'——量力环校正系数,kPa/0.01 mm(由实验室提供);

  τ_f——抗剪强度,kPa。

(2)根据《建筑地基基础设计规范》(GB 50007—2011)规定,抗剪强度指标内摩擦角、黏聚力、相应的标准差、变异系数、统计修正系数,分别按下列公式计算。

①内摩擦角平均值 φ 。

$$\varphi = \arctan\left[\frac{1}{\Delta} n \sum p \tau_1 - \sum p \sum \tau_1\right] \tag{4.1}$$

②黏聚力平均值 c_m 。

$$c_m \frac{2r}{n} - \tan\varphi_m \frac{\sum p}{n} = \tau_m - p_m \tan\varphi_m \tag{4.2}$$

③内摩擦角的标准差。

$$\sigma_\varphi = \sigma \cdot \cos^2\varphi_m \sqrt{\frac{n}{\Delta}} \cdot \frac{180}{\pi} \tag{4.3}$$

④黏聚力的标准差。

$$\sigma_{\mathrm{c}} = \sigma \sqrt{\frac{1}{\Delta} \sum p^2} \tag{4.4}$$

⑤方程剩余标准差。

$$\sigma = \sqrt{\frac{1}{n-1} \sum \left(p \tan \varphi_{\mathrm{m}} + c_{\mathrm{m}} - \tau_i\right)^2}$$

$$= \sqrt{\frac{1}{n(n-2)} \left\{ \left[n \sum t_i^2 - \left(\sum t_i\right)^2 \right] - \frac{1}{\Delta} \left[n \sum p \tau_i - \sum p \sum \tau_i \right]^2 \right\}} \tag{4.5}$$

式中 $\Delta = n \sum p^2 - \left(\sum p\right)^2$;

$n = \sum\limits_{t=1}^{m} k_i$;

p——垂直压力,kPa,其平均值 p_{m};

τ_1——抗剪强度,kPa,其平均值 τ_{m};

n——经分组复核后的试件总数;

k——每组试件数;

m——组数。

$$\sigma = \frac{\sigma_{\varphi}}{\varphi_{\mathrm{m}}}; \sigma = \frac{\sigma_{\mathrm{c}}}{c_{\mathrm{m}}}$$

$$\sigma_{\varphi} = 1 - \left(1.0\sqrt{m} + 3.0/m^2\right)\sigma_{\mathrm{c}}; \sigma_{\mathrm{c}} = 1 - \left(1.0\sqrt{m} + 3.0/m^2\right)\sigma_{\varphi}$$

(3)为了学习方便起见,本次实验可按下述方法绘抗剪强度曲线和确定抗剪强度指标:以垂直压力 P(kPa)为横坐标,抗剪强度 τ_{f} 为纵坐标,将 4 个实测点绘在图上,画一视测的平均直线,若各点不在一条近似的直线上,可按相邻的 3 点连成两个三角形,分别求出两个三角形的重心,然后将两重心点连一直线,即为抗剪强度曲线。

抗剪强度曲线在 τ_{f} 轴上的截距即为黏聚力点 c,精确至 10 kPa,其倾角为内磨擦角 φ,精确至 0.1°。

4. 有关问题说明

(1)开始剪切之前,千万不能忘记必须先拔出插销。否则,量力环被压断,仪器即损坏。

(2)加砝码时,应将砝码上的缺口彼此错开,防止砝码一齐倒下压伤脚。

(3)如时间允许,同学们可在 4 个试样中选定 1 个试样,在剪切过程中手轮每一转一圈,测记百分表读数一次,直至剪损(表格由实验室提供)。由手轮转数和百分表读数计算出手轮每转一圈时的剪变形和剪应力。

剪变形(单位为 mm)

$$\lambda = 0.2n - R$$

剪应力(单位为 kPa)

$$\tau = c'R$$

式中 n——手轮转数;

0.2——手轮每转一圈推动抽前进距离为 0.2 mm;

c',R——意义同前。

以 τ 为纵坐标,λ 为横坐标,绘制 τ-λ 关系曲线。

（4）每组做 4 个试样,每人交实验成果一份。

三、要求和建议

（1）预习时建议到实验室观看仪器构造,注意加力杠杆的比例和加压设备本身的质量,预先算好施加 100,200,300,400 kPa 垂直压力应加砝码数。

（2）切取试样和推试样入盒时都要特别细心。

（3）必须事先记住实验步骤,实验时分好工,各人严守岗位,互相配合,动作应迅速准确,不允许临时一边看指示一边慢慢进行操作。

四、预习问题

（1）什么情况下做剪切实验并求出 φ 和 c 值?

（2）φ 和 c 的来源是什么? 土的抗剪强度的大小与哪些因素有关?

（3）三轴仪与直剪仪的主要区别在哪里? 各有哪些优缺点?

第二节 选修实验

实验一 颗粒分析实验

颗粒分析是测定干土中各种粒组所占该土总重的百分数的方法。其目的是借以了解土的粒径组成情况,供土的分类和概略判断土的工程性质及土工建筑物选料之用,实验方法较多,通常以下述几种方法使用较多。

1. 筛分法适用于粒径大于 0.075 mm 的土。

2. 比重计法和移液管法适用于颗粒小于 0.075 mm 的土。

3. 若土中粗细颗粒兼有,要联合使用各种方法,即联合分析法。

本次实验只采用筛分法和甲种比重计法。

一、实验要求

（1）实验室提供过筛（0.5 mm）并浸润一昼夜的土样,要求学生用比重计法进行粒径分析,求出该土的粒度成分,并用表格法表示。

（2）了解比重计法的实验原理。

（3）观看筛分法演示,要求学生根据教师给出的数据求出该土的粒径级配曲线,不均匀系数 C_u 和曲率系统数 C_r,并按《公路土工试验规程》（JTG E40—2007）确定该土的名称。

二、比重计法实验方法

（一）仪器设备

1. 比重计:乙种比重计,刻度单位以 20 ℃时悬液的比重表示,自 0.995 ~ 1.05 最小刻度单位是 0.001;TM85 型甲种比重计,刻度单位以 20 ℃时 1 000 cm³ 水土混合液中含土的质量表示（g）,以度为单位,最小分度值 0.5°,测量范围为 5 ~ 50 ℃。

2. 量筒:容积 1 000 cm³ 和 500 cm³ 各一个。

3. 天平:感量 0.01 g。

4. 三角烧瓶:容量 500 cm³。

5. 附有循环冷凝管的煮沸装置。

6. 冲洗瓶。

7. 搅拌器。

8. 温度计。

9. 25%浓度的氨水或1%浓度的六偏磷酸钠溶液。

10. 秒表。

11. 仪器校正资料表等。

（二）实验步骤

1. 试样分析工作:称取干试样20~30 g,倒入三角瓶中,加蒸馏水约200 cm³,另加浓度为25%的氨水10 cm³或浓度为1%的六偏磷酸钠10 cm³稍摇匀。然后装入冷凝管系统,在电炉或酒精灯上煮沸。煮沸时间:粉质黏土不少于45 min,黏土不少于1 h,然后静置一定时间,待冷却。

2. 将三角瓶中试样注入1 000 cm³量筒内,并用冲洗瓶使三角瓶中试样全部冲洗入量筒,不能稍有散失。加入蒸馏水至液面恰好达到1 000 cm³刻度为止。此时量筒内的混浊液体称为"悬液"。

3. 用搅拌器在量筒中上下全程搅动约1 min(上下各约30次),使悬液中各种大小土粒分布均匀。

4. 自停止搅拌时开始测记时间(此时悬液开始静置,悬液中各种大小土粒即按各自不同的速度开始下沉)将比重计小心地放入悬液中并使其稳定在量筒截面中心。自开始计时算起,经1~2 min各测记比重计读数一次,读数以悬液面顶为准。读完后,轻轻地取出比重计(尽可能勿使悬液搅动)。将比重计放入盛有蒸馏水的量筒中,测量悬液温度一次。

5. 重新搅拌一次悬液,静置后经5,30,60 min等(均自开始静置时算起)各测记比重计读数和温度一次。每次在规定的记录时间之前约30 s将比重计轻轻放入,读数后轻轻取出。温度计可以一直靠挂在量筒壁上。

6. 本次实验的测计次数将根据时间条件由指导教师确定。

（三）成果整理

（1）下列用司笃克斯公式计算对应于每一比重计读数的粒径 d_i。

$$d_i = \sqrt{\frac{1\,800\eta}{(G_s - G_w)\gamma_w} \times \frac{L_i}{t_i}} = K\sqrt{\frac{L_i}{t_i}}$$

式中　η——水的动力黏滞系数,g·s/cm²;

　　　G_s——土粒密度,g/cm³;

　　　G_w——水的密度,g/cm³;

　　　γ_w——水在4 ℃时的重度,$\gamma_w = \rho_w \times g$;

　　　g——重力加速度,cm/s²;

　　　L_i——粒径 d_i 土粒在水中的有效沉降深度(根据比重计读数由实验室提供的曲线表中查得),cm;

　　　t_i——粒径 d_i 土粒的沉降时间,s;

　　　K——粒径计算系数,查表4.1。

（2）根据每一比重计读数,按下式计算粒径小于 d_i 土粒质量的百分数。

$$P_i = \frac{V}{g_s} \frac{G_s}{G_s - 1} \gamma_{w20} \left[(R_{w20} - 1 + n + \Delta R_i) \right] \times 100\%$$

式中　V——悬液总体积，$V = 1\ 000\ \text{cm}^3$；

　　　g_s——试样干土质量，g；

　　　G_s——土粒比重；

　　　γ_{w20}——水在 20 ℃时的单位体积质量，$\gamma_{w20} = 0.998\ 23\ \text{g/cm}^3$；

　　　R_i——某一次测得比重计读数；

　　　n——比重计读数的刻度及弯液面校正（从实验室提供的较正曲
　　　　　线中查得）；

　　　ΔR_i——比重计读数的温度校正（从实验室提供的校正曲线中查
　　　　　得）。

（3）用表格形式表示 0.1 mm 以下各种粒径范围颗粒含量的百分数。

TM85 型甲种比重计。

①根据第 i 次测得的比重计读数 R_i（ΔR_i 为比重计读数在 T_i 温度下的修正值），根据下列公式计算有效沉降深度 L_i。

$$L_i = A - B(R_i + \Delta R_i) \quad (A, B \text{ 为常数，查相关表格})$$

②按司笃克斯公式计算对应于每一比重计读数的粒径 d_i，计算详见乙种比重计步骤(1)。

③根据第 i 次测读时 T_i 从温度修正图中（图 4.8）查得读数修正值 ΔR_i，以下式计算粒径小于 d_i 土粒质量的百分数。

$$P_i(\%) = \frac{100}{g_s} C_s (R_i + \Delta R_i - C_0)$$

式中　g_s——试样干土质量，g。

　　　粒径计算系 $k = \sqrt{\dfrac{1\ 800\eta}{(G_s - G_w)r_w}}$ 值，见表 4.2。

　　　C_s 为比重校正系数：

$$C_s = \frac{G_s}{G_s - G_{w20}} \cdot \frac{2.65 - \gamma_{w20}}{2.65}$$

　　　G_s——比粒比重；

　　　C_0——分散剂校正值（用氨水时 $C_0 = 0$）。

为了计算方便，一般可取以下值。

黏土及砂质粉土：

$$G_s = 2.72$$
$$C_0 = 0.984\ 7$$

砂石及砂质粉土：

$$G_s = 2.65$$
$$C_0 = 1.00$$

④用表格形式表示 0.1 mm 以下各种粒径范围颗粒含量的百分数。

（四）有关问题的说明

1. 乙种比重计的规格中有 20 ℃/20 ℃的符号，代表比重计是在 20 ℃时刻制得的，同时也

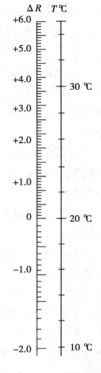

图 4.8　温度修正图

采用 20 ℃时水的密度作为悬液比重的标准。亦即将比重计放入 20 ℃蒸馏水中时,测得的比重为 1。

表 4.2　粒径计算系数 k

温度/℃	土粒比重								
	2.45	2.50	2.55	2.60	2.65	2.70	2.75	2.80	2.86
5	0.130 5	0.136 0	0.133 9	0.131 8	0.129 8	0.127 9	0.126 1	0.124 3	0.122 6
6	0.136 5	0.134 2	0.132 0	0.129 9	0.128 0	0.126 1	0.124 3	0.122 5	0.120 3
7	0.134 4	0.132 1	0.130 0	0.123 0	0.126 0	0.124 1	0.122 4	0.120 6	0.118 9
8	0.132 4	0.130 2	0.123 1	0.126 0	0.124 1	0.122 3	0.120 5	0.113 8	0.113 2
9	0.130 4	0.128 3	0.126 2	0.124 2	0.122 4	0.120 5	0.118 7	0.117 1	0.116 4
10	0.123 8	0.126 7	0.124 7	0.122 7	0.120 8	0.118 9	0.117 3	0.115 6	0.114 1
11	0.127 0	0.124 9	0.122 9	0.120 9	0.119 0	0.117 3	0.115 6	0.114 0	0.112 4
12	0.125 3	0.123 2	0.121 2	0.119 3	0.117 5	0.115 7	0.114 0	0.112 4	0.110 9
13	0.123 3	0.121 4	0.119 5	0.117 5	0.115 8	0.114 1	0.112 4	0.110 9	0.109 4
14	0.122 1	0.120 0	0.118 0	0.116 2	0.114 9	0.112 7	0.111 1	0.109 5	0.108 0
15	0.120 5	0.118 4	0.116 5	0.114 8	0.113 0	0.111 3	0.109 6	0.108 1	0.106 7
16	0.118 9	0.116 9	0.115 0	0.113 2	0.111 5	0.109 8	0.103 3	0.106 7	0.105 3
17	0.117 3	0.115 4	0.113 5	0.111 8	0.110 0	0.103 5	0.106 9	0.104 7	0.103 9
18	0.115 9	0.114 0	0.112 1	0.110 3	0.103 6	0.107 1	0.105 5	0.104 0	0.102 6
19	0.114 5	0.112 5	0.110 8	0.109 0	0.107 3	0.105 8	0.103 1	0.108 8	0.101 4
20	0.113 0	0.111 1	0.109 3	0.107 5	0.105 9	0.104 3	0.102 9	0.101 4	0.100 0
21	0.111 8	0.109 9	0.108 1	0.103 4	0.101 3	0.103 3	0.101 8	0.100 3	0.099 0
22	0.110 3	0.108 5	0.106 7	0.105 0	0.103 5	0.101 9	0.100 4	0.099 0	0.097 67
23	0.109 1	0.107 2	0.105 5	0.103 8	0.102 2	0.100 7	0.099 3	0.097 93	0.096 59
24	0.107 8	0.103 1	0.104 4	0.102 8	0.101 2	0.099 7	0.098 23	0.096 00	0.095 55
25	0.106 5	0.104 7	0.103 1	0.101 4	0.099 9	0.098 39	0.097 01	0.095 63	0.094 34
26	0.105 4	0.103 5	0.101 9	0.100 3	0.098 79	0.097 31	0.095 92	0.094 55	0.093 27
27	0.104 1	0.102 4	0.100 7	0.099 15	0.097 67	0.096 23	0.094 82	0.093 49	0.092 25
28	0.103 2	0.101 4	0.099 75	0.098 10	0.096 70	0.095 29	0.093 91	0.095 27	0.091 32
29	0.101 9	0.100 2	0.093 59	0.097 03	0.095 55	0.094 13	0.092 79	0.091 44	0.090 28
30	0.100 8	0.099 1	0.097 52	0.095 97	0.094 50	0.093 11	0.091 76	0.090 50	0.089 27
35	0.095 65	0.094 05	0.092 55	0.091 12	0.089 68	0.088 35	0.087 08	0.085 68	0.084 68
40	0.091 20	0.089 60	0.882 2	0.086 84	0.085 50	0.084 24	0.083 01	0.081 86	0.080 73

2.制备悬液时加分散剂的目的是增加土颗粒表面结合水膜的厚度,以使土颗粒彼此分散,防止悬液搅拌后呈现絮状下沉。对一般黏性土可用氨水作分散剂,当用氨水发现效果不好时,可用六偏磷酸钠作为分散剂。

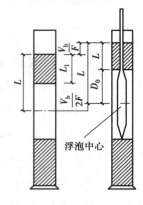

图4.9 土粒有效沉降距离校正

3.使用比重计测量,必须将比重计竖直提拿,否则容易使比重计受弯折断。

4.比重计分析中,85型甲种比重计无须做任何事先校正工作,但乙种比重计事先须经过一系列的校正工作,并将各项校正结果绘成图表,供计算和整理成果中查用。现将各项校正的意义和目的说明如下,具体校正方法可参阅专业书。

(1)土粒有效沉降深度校正。用比重计测得悬液比重的读数有两个意义,它除表示比重计浮泡中心处悬液的比重外,自读数刻度处至浮泡中心的距离表示某种粒径颗粒自液面沉降的深度,但此深度并非某土粒真正的有效沉降深度。原因是当比重计放入悬液后比重计浮泡占有的体积使液面因之升高,致使自比重计上量得的距离比实际大,故须加以修正。

校正原理如图4.9所示,校正公式为

$$L = L' - \frac{V_b}{2F} = L_1 + \left(D_0 - \frac{V_b}{2F} \right)$$

式中 L——土粒有效沉降深度,cm;

L'——液面至比重计浮泡体积中心的距离,cm;

D_0——比重计浮泡中心至最低刻度间的距离,cm;

V_b——比重计浮泡体积,cm³;

F——1 000 cm³ 量筒横断面积,cm³。

一般将校正结果绘制成比重计读数 R 与 L 的关系曲线供使用。

(2)刻度及弯液面校正。比重计在制造时,所标刻度不一定准确,因此使用前须配制不同比重的标准溶液来检查校正。同时实验时,由于浸件表面张力的作用,悬液液面在比重计测杆四周呈现弯液面,而不透明的悬液使我们无法看清此弯液面底处的刻度,因此规定一律取弯液面顶处的刻度作为读数,然后进行修正。这两项校正可合并一次进行,并绘制成比重计读数与校正值关系曲线。

(3)温度校正。比重计的刻度是20 ℃时刻的,即只代表溶液20 ℃时的比重。如温度不同,不仅溶液本身密度改变,而且由于比重计浮泡玻璃胀缩导致浮泡体积变化,从而影响真实读数,因此需要校正。校正公式为

$$m = 1 - \frac{\gamma_{WT}}{\gamma_{w20}} [1 + \varepsilon_V (T - 20)]$$

式中 γ_{WT} 和 γ_{w20}——T ℃和20 ℃时蒸馏水的密度,g/cm³;

ε_V——玻璃的体胀系数($2.5 \times 10^{-5}/℃$);

T——实验时悬液温度,℃。

5.由于实验时比重计读数需要上述校正,因此每一个比重计都配有专用的配套量筒和自己的一套校正表,使用时应注意校对校器和校正图表的配套号码,不能交叉使用。

三、比重计法分析原理及计算公式的推导

1. 原量

用比重计法分析颗粒粒径大小的分布应根据下列 3 个假定。

（1）司笃克斯定律运用于土的悬液中。

（2）实验开始时土的颗粒大小均匀地分布于水中。

（3）所用的量筒直径要比比重计的直径大很多。

比重计分析实验是将定量的土样与水倾注于量筒中，使悬液体积达到 1 000 cm³。悬液经过搅拌，大小颗粒均匀分布于水中，因此悬液浓度上下一致。经过 t s 后所有粒径为 d 的颗粒已经下降的距离为 $L = V_t$，因此所有大于 d 的颗粒已经下降到 L 平面以下，L 平面以上则仅有小于 d 的颗粒，靠近 L 平面上取一单位体积观察，则该部分悬液中 $\leqslant d$ 的颗粒分布情况和实验开始时完全一致。其中一部分降到 L 平面以上，但在同一时间内又有一部分从上面降下来，因此量得 L 深处悬液的比重与原来的悬液的比重相比较，即可以求出小于 d 颗粒的百分数。在不同时间内量 L 深度处（L 为变数）的密度，即可找出不同粒径数量，以绘成颗粒大小分配曲线。

2. 公式推导

1845 年司笃克斯研究得到，在无限伸展的静止的介质液体中，一个表面光滑球体下沉，其所受的力只有重力及水的黏滞力，若液体的抗力等于其重力时，球体则以等速下降。

球体的重力：

$$F_1 = \frac{1}{6}\pi d^3 \rho_s g$$

液体对球体的浮力：

$$F_2 = \frac{1}{6}\pi d^3 \rho_w g$$

球体在液体中下降的力量为

$$F_3 = F_1 - F_2$$

$$F_3 = \frac{1}{6}\pi d^3 (\rho_s - \rho_w) g \tag{1}$$

球体在液体中下降时，由于液体的黏性，因此必然发生摩擦。设球体上所受摩擦力为

$$R_f = \Phi \frac{\pi}{4} d^2 V^2 \rho_w \tag{2}$$

式中 Φ 为阻力系数（与雷诺数 Re 有关），司笃克斯研究认为

$$\Phi = \frac{12}{Re} \ (\text{球体雷诺数} \ Re = \frac{Vd\rho_w}{\rho})$$

故

$$R_f = 3\pi d \eta V$$

当球体开始沉降时 V 较小，故 R_f 也较小，但由于重力加速度作用，V 迅速增大，仅在数秒钟内，即可使 R_f 值增大至与 F_3 相等，则当 $R_1 = R_3$ 时，球体重力平衡，于是等速下降。因此

$$\frac{1}{6}\pi d^3 (\rho_s - \rho_w) g = 3\pi d \eta V$$

$$V = \frac{\rho_s - \rho_w}{18\eta} g d^2$$

$$d = \sqrt{\frac{18\eta V}{(\rho_s - \rho_w)g}}$$

$$d = \sqrt{\frac{18\eta V}{\gamma_s - \gamma_w}}$$

式中　d——球体直径,cm;

　　　ρ_s——球体的密度,g/cm³;

　　　ρ_w——液体的密度,g/cm³;

　　　η——液体的动力黏滞系数,g·s/cm³(达因·秒/厘米³);

　　　g——重力加速度,m/s²;

　　　γ_s——土粒重度;

　　　γ_w——水的重度。

因为 $V = \dfrac{L}{t}$,所以公式 $d = \sqrt{\dfrac{18\eta V}{\gamma_s - \gamma_w}}$ 又可写为

$$d = \sqrt{\frac{1\,800\eta L_i}{G_s - G_w \gamma_{rw} t_i}}$$

四、预习问题

1.砂类土的最主要特征是什么？黏性土的主要特征是什么？

2.做土的粒径分析有什么用处？从土的级配曲线能够知道些什么？

实验二　液限和塑限的测定

黏性土由于含水量不同,分别处于流动状态、可塑状态、半固体状态或固体状态。液限是黏性土的可塑状态与流动状态的界限含水量。塑限是黏性土的可塑状态与半固体状态的界限含水量。

一、实验要求

1.由实验室提供经过调拌浸润处理后的土样,要求学生测定该土的液限和塑限(用滚搓法)。

2.根据实验资料确定该土的类别(定名)和天然稠度状态。并根据规范查出该土的承载力基本值。

3.参观液限、塑限合测定仪。

4.根据《土工试验方法标准》(GB/T 50123—1999),液限实验采用联合测定仪或碟式仪测定,考虑各院校现有的设备,此处仍保留平衡锥法。

二、液限测试(平衡锥法)

(一)仪器设备

1.平衡圆锥仪(图4.10)。该仪器的主要部分是用不锈钢制成的精密圆锥体,顶角30°,高约25 mm,距锥尖10 mm处刻有一环形刻线,有两个金属锤通过一半圆形钢丝固定在圆锥体上部,作为平衡装置。平衡圆锥仪的标准质量76 g(粗确定±0.2 g),另外还配备有试杯和台座各一个。

2.天平(感量0.01 g)。

3.电烘箱。

4.烘土盒。

5.干燥器。

6.盛土器皿、调土板、调土刀、滴管、凡士林等。

图 4.10　平衡圆锥仪

（二）实验步骤

1.试样制备

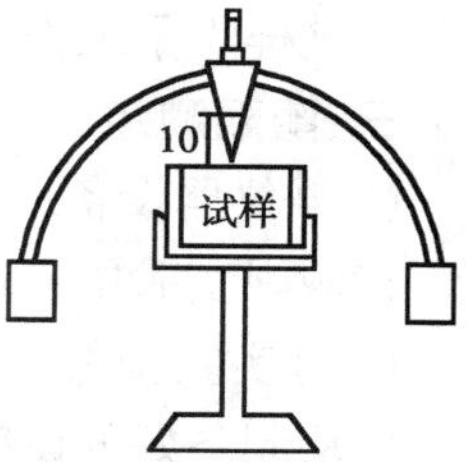

原则上应采用天然含水量的土样进行制备。若土样相当干燥,允许用风干土样进行制备。其方法如下:取有代表性的天然含水量的土样,用木碾在橡皮垫上将土碾散（切勿压碎颗粒）,若天然含水量较高可不碾散,然后将土放入调土皿中。加纯水调成均匀浓糊状。若土中含有大于 0.5 mm 颗粒,应将粗粒剔出或过 0.5 mm 筛;若用风干土,则碾散后过 0.5 mm 筛,然后放入调土皿中调成均匀糊盖好（或放入保湿箱中）静置一昼夜。若天然含水量较高（圆锥入土深度大于 5 mm）,可不经静置（此项土样制备工作由实验室完成）。

2.用调土刀取制备好的试样放在调土板上彻底拌均匀,填入试杯中,填土时注意勿使土内留有空气,然后刮去多余的土,使土面与杯口齐平。将试杯放在台座上。刮去余土时,不得用刀在土面上反复涂抹。

3.用布揩净平衡圆锥仪,并在锥体上抹一薄层凡士林。用拇指和食指提住上端手柄,使锥尖与试样中部表面接触,放开手指,使锥体在重力作用下沉入土中。

4.若锥体约经 15 s 沉入土中深度大于或小于 10 mm,则表示试样的含水量高于或低于液限。这时应先挖出沾有凡士林的土不要,要将试杯中的试样全部放回调土板上,或铺开使多余的水蒸发,或加入少量纯水,重新调拌均匀,重复第 2、第 3、第 4 条操作,直至当锥体约经 15 s 沉入土中深度恰为 10 mm 时为止,此时土样的含水量即为液限。

5.取出锥体,挖出沾有凡士林的土后,在沉锥附近取土约 10 g 放烘土盒中,按含水量实验方法测定含水量。

（三）计算公式

按下式计算液限（精确至 0.1%）

$$\omega_L = \frac{m_1 - m_2}{m_2 - m_3} \times 100\%$$

式中　m_1——烘土盒加湿土的质量;

m_2——烘土盒加干土的质量;

m_3——烘土盒的质量。

（四）有关问题说明

1.在向制备好的试样中加水时,不能一次太多,特别是初次宜少。

2.实验前应先校验平衡圆锥仪的平衡性能,即圆锥体的中心轴必须是竖直的,沉放圆锥仪时,两手应自然放松,放锥时要平稳,避免冲击。

3.每人取两次试样进行测定,取其算术平均值,以整数（%）表示。其平行差值不得大于下列规定,见表 4.3。

表 4.3　允许平行差值表

液限/%	允许平行差值/%
<40	1
≥40	2

4. 试样烘干工作由实验室代做。

三、塑限测定

(一)仪器设备

将液限实验中平衡圆锥仪更换为一搓条用的毛玻璃,其他均相同。

(二)实验步骤

1. 从制备好的试样中取出一小部分放在毛玻璃板上用手掌搓滚。制备好的土含水量一般大于塑限,搓滚的目的一方面促使试样中的水分逐渐蒸发,另一方面将试样慢慢塑成规定的 3 mm 直径的土条,搓压时手掌必须均匀地轻压土条。

2. 若土条搓压至直径达 3 mm 而仍未出现裂纹和断裂,则表示此时土条水的含量高于塑限。若土条出现裂纹和断裂,而其直径大于 3 mm,则表示此时土条水的含量低于塑限。遇此两种情况,均应重新取试样搓滚,直至搓滚的土条直径达到 3 mm 时表面开始出现裂纹并断裂成数段(图 4.11),此时土条的含水量即为塑限。每组有一根直径为 3 mm 的铁棒作比较。

3. 将已达到塑限的断裂土条立即放入烘土盒盖紧,动作要敏捷、防止水分蒸发,再取试样用同样的方法做实验。待烘土盒中合格的断土条积累有 3~5 g 时,即可测定其含水量,此含水量值即为塑限。

(三)计算公式

按下式计算塑限(精确至 0.1%)

$$\omega_p = \frac{m_1 - m_2}{m_2 - m_3} \times 100\%$$

式中符号见液限计算公式。

(四)有关问题说明

1. 搓条法测塑限需要一定的操作经验,特别是塑性低的土,更难搓成。同学们初次操作时必须耐心地反复实践,才能达到实验标准。下列经验可供参考:先取试样一部分,用两手反复揉捏成球(大小似乒乓球),然后放在毛玻璃板上压成厚 4~5 mm 的土饼,如土饼四周边缘上出现辐射状短裂缝时表示搓条的起始水分合适。然后用小刀将土饼切一小条搓滚(图 4.12),一次不成,再切第二条,如第一次搓成 3 mm 直径而未断裂,则第二条可切宽一些;反之,则切窄一些。

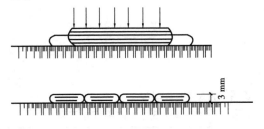

图 4.11 滚搓法

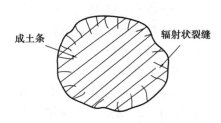

图 4.12 土饼辐射状裂缝

2. 搓条规定只能用手掌全面施加轻微均压搓滚,如无压揉滚,易出现土条中空现象,同时土条长度超出手掌的部分应切除。

3. 每人做两次实验(每次一个烘土盒)进行平行测定,取算术平均值以整数(%)表示,其平行差值不大于下列规定,见表 4.4。

4. 试样烘干工作由实验室代做。

表4.4

液限/%	允许平行差值
<40	1
≥40	2

四、联合测定法

（一）基本原理

在平衡圆锥仪上加一能精确测量圆锥入土深度的显示装置，并利用电磁吸力代替手工提放圆锥（圆锥仪的质量和锥角不变）。然后，仿照液限实验方法可以测出同一种土的试样在不同含水量时的锥体沉入深度。同时，仍用搓条法测定塑限。通过大量的实验数据分析，发现含水量与沉入深度在双对数坐标上具有良好的直线关系（图4.13），而且用搓条法得到的塑限，基本上落在这条直线的相当于圆锥沉入深度2 mm的附近。这就是联合测定法的理论基础。下面介绍具体方法。

（二）实验方法

仪器采用电磁平衡圆锥仪，其他仪器设备和土样制备方法均与常规液限实验相同。实验时将试样调成3种不同含水量，分别装入试杯内用电磁式圆锥仪测得3个不同锥体的沉入深度。为了提高实验精度，上述3个不同深度，最好控制在5～12 mm，其间隔以2～3 mm为宜。

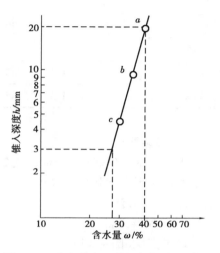

图4.13　含水量与锥体沉入深度的关系

将测定的3个含水量及相应的3个深度点绘在双对数坐标纸上，连3点绘一直线。当3点不在一直线上时，通过高含水量的点与其余两点连成两条直线，在下沉深度为2 mm处查得相应的两个含水量，当两个含水量的差值小于2%，应以该两点含水量的平均值与高含水量的点连一直线。当两个含水量的差值大于或等于2%时，应重做实验。

在直线上取沉入深度为10 mm和2 mm的两点，此两点对应的含水量即分别为液限（ω_L）和塑限（ω_p）。

五、预习问题

什么是液限、塑限？测定土的液限和塑限有什么用处？

实验三　击实实验

土的人工压实可以提高土的抗剪强度，降低其压缩性与透水性，从而大大改善其工程性质。

土的压实效果与压实方法或压实功能以及含水量有关。压实功能越大，土越易压实。如压实方法一定，则土的密度又与土的含水量有密切关系。土的密实程度常以土的干密度（ρ_d）表示，土在一定的压实方法与压实功能下能达到最大干密度的含水量称为最佳含水量 ω_{op}。

　　本次实验的目的是将实验室提供的土料在不同的含水量下采用规定的标准方法进行击实,从而测定其最大干密度及其相应的最佳含水量,借以了解土的压实性能。击实实验所用仪器为轻重两用标准手提击实仪,分轻型击实和重型击实。按交通部标准,轻、重型实验方法和设备的主要参数见表4.5。

表 4.5　击实实验方法种类

| 实验方法 | 类别 | 锤底直径/cm | 锤质量/kg | 落高/cm | 试筒尺寸 | | | 层数 | 每层击数 | 击实功/(kJ·m⁻³) |
					内径/cm	高/cm	容积/cm³			
轻型Ⅰ法	Ⅰ.1	5	2.5	30	10	12.7	997	3	27	598.2
	Ⅰ.2	5	2.5	30	15.2	12	2 177	3	59	598.2
重型Ⅱ法	Ⅱ.1	5	4.5	45	10	12.7	997	5	27	2 687.0
	Ⅱ.2	5	4.5	45	15.2	12	2 177	5	98	2 677.2

一、实验要求

　　由实验室提供通过 5 mm 筛或 20 mm 筛的有代表性风干土样一种,在标准击实方法下测定土的最大干密度和最佳含水量。

二、实验方法

（一）仪器设备

1.击实仪(图4.14)。

2.台秤,称量 10 kg,感量 5 g。

3.推土器(图4.15)。

4.盛土盘、量筒、喷水壶、小刀等。

5.测含水量所需仪器。

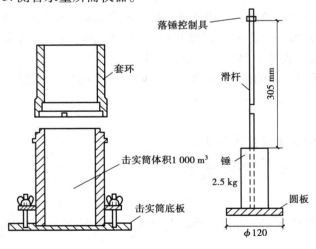

图 4.14　击实仪

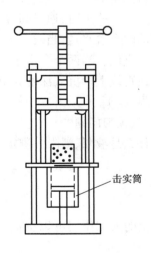

图 4.15　推土器

（二）实验步骤

1. 试样制备

（1）轻型击实取过 5 mm 筛的土样 3 kg;重型击实取过 20 mm 筛的土样 6.5 kg。

（2）将土样加水润湿,拌匀后用湿布盖上,静置 12 h 至一昼夜,因时间所限,静置时间从略。一般最少做 5 个含水量,依次相差约 2%,且其中有两个大于最优含水量及两个小于最优含水量。

2. 试样击实

（1）将击实仪放在坚实的地面上,击实筒内壁和底板涂一薄层润滑油,连接好击实筒与底板。

（2）从制备好的一份试样中称取一定量土料,分 3 层或 5 层倒入击实筒内。对于分 3 层击实的轻型击实法,每层土料的质量为 600 ~ 800 g,其量应使击实后试样的高度略高于击实筒的 1/3;对于分 5 层击实的重型击实法,每层土料的质量宜为 900 ~ 1 100 g,其量应使击实后的试样高度略高于击实筒的 1/5;对于分 3 层的重型击实法,每层需要试样 1 700 g 左右。整平表面,并稍加压紧,然后按规定的击数进行第一层的击实,击实时击锤应自由垂直落下,锤迹必须均匀分布于土样面。

（3）第一层击实完后,将试样层面"拉毛",然后装入护筒,重复上述方法进行其余各层土的击实。小试筒击实后,试样不应高出筒顶面 5 mm;大试筒击实后,试样不应高出筒顶面 6 mm。

（4）用修土刀沿护筒内壁削刮,使试样与护筒脱离后,扭动并取下护筒,齐筒顶细心削平试样,拆除底板,擦净筒外壁,称量,准确至 1 g。

（5）用推土器推出试样,取中心部分试样测定其含水量（取两个含水量试样）,测定的含水量应在允许的平行差值以内。

（6）按上述步骤进行其他含水量试样的击实实验。

（三）成果整理

1. 计算不同含水量下击实后试样的密度。

$$\rho_d = \frac{\rho}{1 + \omega}$$

式中　ρ——击实后试样湿密度;

　　　ω——击实后试样含水量。

2. 绘制干密度与含水量关系曲线（图 4.16）。

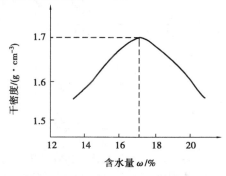

图 4.16　击实密度与含水量关系曲线

3. 在曲线上取峰点的坐标即为最大干密度和最佳含水量。

（四）有关问题的说明

1. 击实实验一般不少于 5 个测点，为了使各测点在最佳含水量的两侧分布比较均匀，通常根据经验，可以以塑限或 0.8 塑限作为估计的最佳含水量，如能知道试样的初始含水量，即可计算出每次应增加的水量。上述参考数据将由实验室提供。

2. 小组应有很好的分工合作，例如一人测含水量时，另一人即去洒水调拌等，充分利用时间。

三、预习问题

1. 击实实验有什么实用意义（联系实际工程）？

2. 什么是最佳含水量？哪些因素会影响土的最佳含水量数值？

实验四　三轴剪力实验

三轴剪力实验用来测定试件在某一固定周围压力下的抗剪强度，然后根据 3 个以上试件，在不同周围压力下测得的抗剪强度，利用莫尔-库仑破坏准则确定土的抗剪强度参数。

三轴剪力实验与直接剪切实验和无侧限抗压强度实验比较，是属于一种比较完善的仪器和实验方法（图 4.17），因为它可以控制排水条件，可以测量土体内的孔隙水压力。另外，试件还不受剪切面的限制等，同时三轴剪力实验可以模拟建筑物和建筑物地基的特点以及设计施工的不同要求确定实验方法，因此，对于特殊建筑物（构筑物）、高层建筑、重型厂房、深层地基、地下建筑、洋海工程、道路桥梁和交通航务工程特别需要。

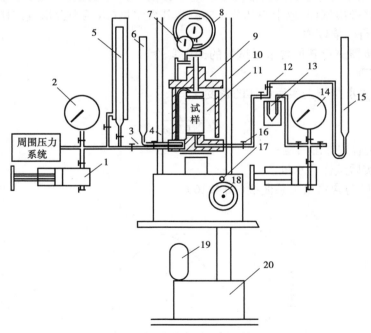

图 4.17　应变控制式三轴剪切仪

1—调压筒；2—周围压力表；3—周围压力阀；4—排水阀；5—体变管；6—排水管；7—变形量表；
8—量力环；9—排气孔；10—轴向加压设备；11—压力表；12—量管阀；13—零位指示器；
14—孔隙压力表；15—量管；16—孔隙压力阀；17—离合器；18—手枪；19—马达；20—变速箱

　　三轴剪力实验可分为不固结不排水实验(UU)、固结不排水实验(CU)以及固结排水剪实验(CD)等,在有条件的情况下也可按 K_0 固结进行。

　　1. 不固结不排水实验

　　它是指试件在周围压力和轴向压力下直至破坏的全过程中均不允许排水,同时根据实验的需要还能测定土体的孔隙水压力。

　　2. 固结不排水实验

　　它是指试样先在周围压力下让土体排水固结,然后在不排水条件下,施加轴向压力直至破坏,同时测定土体孔隙水压力。

　　3. 固结排水剪实验

　　它是指使试样先在周围压力下排水固结,然后允许试样在充分排水的条件下增加轴向压力直到破坏,同时在实验过程中测读排水量以计算试件体积变化。

　　4. K_0 固结三轴剪力实验

　　上述几种实验方法,在等向压力(等向固结)条件下,即 $\sigma_3 = \sigma_2 = \sigma_1$ 都等于周围压力下排水固结,而 K_0 固结实验先使试样在不等向压力下固结排水,按 $\sigma_3 = \sigma_2 = K_0\sigma_1$ 施加周围压力,然后进行不排水剪或排水剪实验。

　　一、仪器设备(图4.18至图4.24)

　　1. 三轴剪力仪(分为应力控制式和应变控制式两种)

　　应变控制式三轴剪力仪由以下几个组成部分。

　　(1)三轴压力室。将用橡皮薄膜(乳胶薄膜)包扎的圆柱体土样置于压力室中间,土样下端连接于压力室底座,底座下有排水孔并能测定土样底部孔隙水压力,土样上端连接土样帽,土样帽可以连接上端排水管路并通过底板内设有排水也将孔隙水直接引出,压力室底板处还没有施加侧压力的进气(水)孔,在土样帽端还与压力室活塞套相配的传压活塞等组成。

　　(2)轴向加荷传动系统。采用220 V交流电动机带动多级变速的齿轮箱,或者采用可控硅无级调速,根据土样性质及实验方法确定加荷速率,通过传动系统拖动蜗轮杆使土样压力室自下而上地移动,使试件承受轴向压力。

　　(3)轴向压力测量系统。通常的实验,轴向压力由测力计(测力环或称应变圈等)未反映土体的轴向荷量,测力计由线性和重复较好的金属弹性体组成,测力计的受压变形由百分表测读。在使用之前先将测力计在标准测力计的串联标定下获得测力计的弹性系数 C 值(单位为 kg/0.01 mm)。为满足自动测试或由微机来采集和处理实验资料时,轴向压力系统可由荷重传感器来代替。

　　(4)周围压力稳压系统。目前大多数仪器采用调压阀控制,调压阀当控制到某一固定压力后,它将压力室的压力进行自动补偿而达到周围压力的稳定,但施加周围压力一般大于0.6~1.0 MPa,而电动液压稳压系统,最大压力可达到14.0 MPa。

　　(5)孔隙压力测量系统。大多数仪器装有水银零位指示器,孔隙压力紫铜管的孔隙水传递给水银零位指示器,水银柱受到孔隙水压力的作用产生了高差,然后由反方向的液压筒施加液体压力,使水银面重新平衡,此时液压筒所反映的压力表压力即为该时的孔隙水压力。目前已有不少单位采用液压传感器,用电信号反映孔隙水压力非常方便,并且可以避免水银对人体和环境的污染影响。

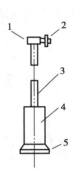
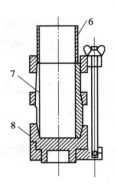

图 4.18　击实筒

1—套环;2—定位螺丝;3—导杆;4—击锤;5—底板;6—套筒;7—饱和器;8—底板

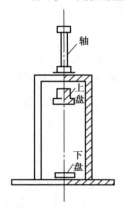

图 4.19　切土盘

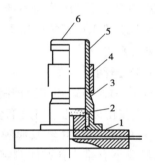

图 4.20　制备砂样圆模

1—仪器底座;2—透水石;3—制样圆模(两片合成);
4—圆箍;5—橡皮膜;6—橡皮圈

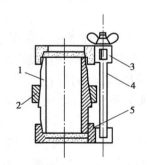

图 4.21　饱和器

1—土样筒;2—紧箍;3—夹板;
4—拉杆;5—透水石

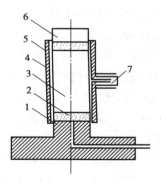

图 4.22　承膜筒安装示意图

1—三轴仪底座;2—透水石;3—试样;
4—承膜筒;5—橡皮膜;6—上盖;7—吸气孔

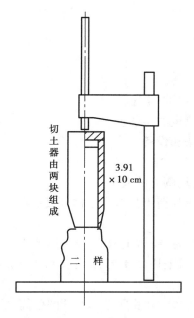

图 4.23　切土器和切土架

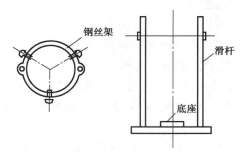

图 4.24　原状土分样器

（6）轴向应变（位移）测量装置。大多数仪器采用长标距百分表（0～30 mm 百分表），目前位移传感器在三轴仪应用也被人们所重视。

（7）反压力体变系统。由体变管和反压力稳压控制系统组成，以模拟土体的实际应力状态或提高试件的饱和度以及测量试件的体积变化。

2.附属设备

（1）击实器和饱和器。

（2）切土器和原状土分样器。

（3）砂样制备模筒和承模筒。

（4）托盘天平和游标卡尺。

（5）其他如乳膜薄膜、橡皮筋、透水石、滤纸、切土刀、钢丝锯、毛玻璃板、空气压缩机、真空抽气机、真空饱和抽水缸、称量盒和分析天平等。

3.本实验采用 TSZ30-2.0 型台式三轴仪。

二、实验前的检查和准备

1.仪器性能检查

（1）周围压力和反压力控制系统的压力源。

（2）空气压缩机的稳定控制器（又称压力控制器）。

（3）调压阀的灵敏度及稳定性。

（4）监视压力精密压力表的精度和误差。

（5）稳压系统有无漏气现象。

（6）管路系统的周围压力、孔隙水压力、反压力和体积变化装置以及试样上下端通道节头处是否漏气、漏水或阻塞。

（7）孔压及体变的管道系统内是否存在封闭气泡，若有封闭气泡可用无气泡水进行循环排气。

(8)土样两端放置的透水石是否畅通和浸水饱和。

(9)乳胶薄膜套是否有漏气的小孔。

(10)轴向传压活塞是否存在摩擦阻力等。

2. 实验前的准备工作

除了上述仪器性能检查外,还应根据实验要求作如下的准备。

(1)根据工程特点和土的性质确定实验方法和需测定的参数。

(2)根据土样的制备方法和土样特性决定饱和方法和设备。

(3)根据实验方法和土的性质,选择剪切速率。

(4)根据取土深度和应力历史以及实验方法,确定周围力的大小。

(5)根据土样的多少和均匀程度确定单个土样多级加荷不是多个土样分级加荷。

三、扰动土和砂土的试件制备

根据要求可按一定的干容量和含水量将扰动土拌匀,粉质土分 3 ~ 5 层,黏质土分 5 ~ 8 层,分层装入击实筒击实(控制一定密度),并在各层面上用切土刀刨毛以利于两层面之间组合。

对于砂土,应先在压力室底座上依次放上透水石、滤纸、乳胶薄腊和对开圆模筒,然后根据密度要求,分三层装入圆模筒内击实。如果制备饱和砂样,可在圆模筒内通入纯水,扎紧乳胶膜。为使试样能站立,应对试样内部施加 $0.05 \text{ kg/cm}^2(5 \text{ kPa})$ 的负压力或用量水管降低 50 cm 水头即可,然后拆除对开圆模筒。

四、试样饱和

1. 真空抽气饱和法

将制备好土样装入饱和器内置于真空饱和缸,为提高真空度可在盖缝中涂上一层凡士林以防漏气。将真空抽气机与真空饱和缸拉通,开动抽气机,当真空压力达到一个大气压时,微微开启管夹,使清水徐徐注入真空饱和缸的试样中,待水面超过土样饱和器后,使真空表压力保持一个大气压不变,即可停止抽气。然后静置一段时间,粉性土浸没在带有清水注入的真空饱和缸内,连续真空抽气 2 ~ 4 h(黏土),然后停止抽气,静置 12 h 左右即可。

2. 水头饱和法

将试样装入压力室内,施加 $0.2 \text{ kg/cm}^2(20 \text{ kPa})$ 周围压力,使无气泡的水从试样底进入,待上部溢出,水头高度一般在 1 m 左右,直至流入水量和溢出水量相等为止。

3. 反压力饱和法

试件在不固结不排水条件下,使土样顶部施加反压力,但试样周围应施加侧压力,反压力应低于侧压力的 $0.5 \text{ kg/cm}^2(5 \text{ kPa})$,当试样底部孔隙压力达到稳定后关闭反压力阀,然后施加侧压力,当增加的侧压力与增加的孔隙压力其比值 $\Delta u/\Delta \sigma_3 > 0.95$ 时被认为饱和,否则再增加反压力和侧压力使土体内气泡继续缩小,然后重复上述测定其 $\Delta u/\Delta \sigma_3$ 是否大于 0.95,即相当于饱和度大于95%。

五、不固结不排水三轴实验(UU 实验)

本实验目的为提供地基土的天然强度参数。

通常的饱和软黏土在不固结不排水条件下的莫尔强度包络线几乎呈水平线,而对于非饱和或超压密地基土的莫尔强度包络线符合莫尔-库仑破坏准则

$$\tau = \sigma \tan \varphi + C_0$$

饱和软土、人工素填土,或是灵敏度较高的黏土类土,由于人为扰动因素和施加较大周围压力(超过先期固结压力有很多时),将会降低强度指标,为此在实验时须特别注意。

UU 实验可分为不测孔隙水压力和测定孔隙压力两种。不测孔隙水压力土样两端放置不透水板,测定孔隙压力土样两端放置透水石或上端装有不透水板而下端与测定孔隙压力装置连通。

1.操作步骤

(1)制备土样。将原状土制备成略大于试样直径和高度的毛坯,置于切土器内用钢丝锯或切土刀边削旋转,直至满足试件的直径为止,然后按要求的高度切除两端多余土样。

(2)装土。先把乳胶薄膜装在承膜筒内,用洗耳球从气嘴吸气,使乳胶薄膜贴紧筒壁,然后套在制备好试件外面,放在压力室的底座上,之前应先将压力室底坐的透水石用橡皮筋扎紧,翻起乳胶膜的上端与土样帽用橡皮筋扎紧,然后装上压力筒拧紧密封螺帽,并使传压活塞与土样帽接触。

(3)施加周围压力 σ_3。周围压力大小根据土样埋深或应力历史来决定,若土样为正常压密状态,则 3~4 个土样的周围压力应在自重应力附近选择,不宜过大,以免扰动动土的结构。

(4)在不排水条件下测定试件的孔隙水压力 u_i。

(5)调整测量轴向变形的位移计和轴向压力环百分表的初始"零点"读数。

(6)施加轴向压力,按剪切应变速率取每分钟 0.5%~1.0% 启动电动机,当试样每产生轴向应变力 0.2% 或 0.5% 时,测记测力环变形和孔隙水压力,直至土样破坏或应变量进行到15%~20%。

(7)实验结束即停机,卸除周围压力并拆除试样,描述试样破坏时的形状。

2.计算与绘制曲线

(1)按下列计算孔隙水压力系数。

$$B = \frac{u_i}{\sigma_{3i}}$$

$$\overline{B} = \frac{u_f}{\sigma_{1f}}$$

$$A = \frac{u_i - u_f}{B(\sigma_{1f} - \sigma_{3i})}$$

式中　B——孔隙水压力系数;

$\overline{B}$——孔隙水压力系数;

A——孔隙水压力系数;

u_i——在 σ_{3i} 作用下土体孔隙水压,kPa;

σ_{3i}——某周围压力,kPa;

u_f——土体破坏时孔隙水压力,kPa;

σ_{1f}——土体破坏时大主应力,kPa。

(2)按下列计算轴向应变和剪切过程中平均断面积。

$$\varepsilon = \frac{\sum \Delta h}{h_0}$$

$$A_a = \frac{A_0}{1 - \varepsilon}$$

式中　ε——轴向应变；

　　　$\sum \Delta h$——轴向变形，mm；

　　　h_0——土样原始高度，mm；

　　　A_a——剪切过程中平均截面积，cm^2；

　　　A_0——土样原始面积，cm^2。

（3）按下列计算主应力差。

$$\sigma_1 - \sigma_3 = \frac{CR}{A_a} = \frac{CR(1-\varepsilon)}{A_0}$$

式中　C——测力环弹性系数，N/0.01 mm；

　　　R——测力环变形量，0.01 mm。

（4）绘制应力-应变曲线及莫尔包络线（图 4.25）。

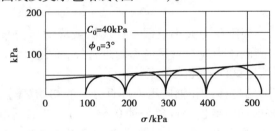

图 4.25　不固结不排水剪强度包络线

实验五　锚杆实验

锚杆锚固技术已广泛应用于矿山、铁路、公路、水利水电的边坡和基坑工程中，锚杆抗拉拔力实验是一种检测锚杆施工质量的常用方法。通过实验确定锚固体与岩土层间的黏结强度、设计参数和施工工艺，以巩固所学的理论知识。

一、实验要求

了解锚杆拉拔实验的仪器组成及其基本工作原理，明确锚杆抗拉拔力的要求和实验评价指标，进而能够综合评价锚杆是否满足设计要求。

二、实验方法（拉拔法）

1. 仪器设备

（1）锚杆仪。

（2）千斤顶。

（3）油泵。

（4）压力表。

（5）传感器。

（6）位移计。

2. 实验步骤

（1）根据实验目的，在指定部位钻锚杆孔。孔深在正常深度的基础上稍作调整，以便锚杆外露长度大些，保证千斤顶的安装；或采用正常孔深，将待测锚杆加长，从而为千斤顶安装提供空间(此项操作可由专职实验员代做)。

(2)按照正常的安装工艺安装待测锚杆,用砂浆将锚杆口部抹平,以便支放承压垫板(此项操作可由专职实验员代做)。

(3)根据锚杆的种类和实验目的确定拉拔时间。

(4)在锚杆尾部加上垫板,套上中空千斤顶,将锚杆外端与千斤顶内缸固定在一起,并装设位移测量设备与仪器。

(5)通过手动油压泵加压,从油压表读取油压,根据活塞面积换算锚杆承受的拉拔力,视需量从千分表读取锚杆尾数的位移,绘制锚杆拉拔力位移曲线,供分析研究。

3. 实验的规定和要求

(1)锚杆基本实验应采用循环加、卸荷法,并应符合下列规定:

①每级荷载施加或卸除完毕后,应立即测读变形量。

②在每次加、卸时间内应测读锚头位移2次,连续2次测读的变形量:岩石锚杆均小于 0.01 mm,砂质土、硬黏性土中锚杆小于 0.01 mm 时,可施加下一级荷载。

③加、卸荷等级、测读间隔时间宜按表 4.6 确定。

表 4.6 锚杆基本实验循环加、卸荷等级与位移观测间隔时间

加荷标准循环数	预估破坏荷载的百分数/%												
	每级加载量						累计加载量	每级加载量					
第一循环	10	20	20				50				20	20	10
第一循环	10	20	20	20			70			20	20	20	10
第一循环	10	20	20	20	10		90		20	20	20	20	10
第一循环	10	20	20	20	20	10	100	10	20	20	20	20	10
观测时间/min	5	5	5	5	5				5	5	5	5	5

(2)锚杆实验中出现下列情况之一时可视为破坏,应终止加载:

①锚头位移不收敛,锚固体从岩土层中拔出或锚杆从锚固体中拔出。

②锚头总位移量超过设计允许值。

③上层锚杆实验中后一级荷载产生的锚头位移增量,超过上一级荷载位移增量的2倍。

(3)实验完成后,应根据实验数据绘制荷载-位移(Q-s)曲线、荷载-弹性位移(Q-s_e)曲线和荷载-塑性位移(Q-s_p)曲线。

(4)锚杆弹性变形不应小于自由段长度变形计算值的80%,且不应大于自由段长度与1/2锚固段长度之和的弹性变形计算值。

(5)锚杆极限承载力基本值取破坏荷载前一级的荷载值;在最大实验荷载作用下未达到有关问题说明中规定的破坏标准时,锚杆极限承载力取最大荷载值为基本值。

(6)当锚杆实验数量为3根,各根极限承载力值的最大差值小于30%时,取最小值作为锚杆的极限承载力标准值;若最大差值超过30%,应增加实验数量,按95%的保证概率计算锚杆极限承载力标准值。

(7)绘制 Q-s 曲线。

4. 有关问题说明

（1）验收实验的锚杆应随机抽样。

（2）锚杆总变形量应满足设计允许值。

（3）实验时应采取必要的安全防范措施。

三、预习问题

什么是锚杆的锁定荷载？测定锚杆的拉拔力有什么用处？

实验六　岩土综合测试

通过对岩土层进行波速、均匀性等岩土参数的综合测定，培养学生对岩土体承载特性和稳定性的综合判断能力，加深对物探方法的认识。

一、实验要求

1. 熟悉岩土工程质量检测仪和地质雷达的功能和使用方法。

2. 用岩土工程质量检测仪来测量地层波速，进行场地类别判断。

3. 用地质雷达评价岩土体的均匀性，结合钻探资料对地层进行简单分层。

二、实验方法（波速法）

（一）仪器设备

1. CE9201 岩土工程质量检测仪（图 4.26）

声波通道参数。通道数：3 道（1,2,3 可任选），可扩展到 6 道；增益：6 ~ 96 dB（以 6 dB 为增量任意可选）。噪声电平：折合到输入端小于 3 μV。频带：1 ~ 8 kHz，分 8 挡。振幅一致性：<3%。相位一致性：< 10 μs。输入阻抗：>600 Ω。采样总数：1 ~ 3 道，每道 1 024 点。采样间隔：5 μs ~ 2.5 ms（按 5 μs 递增选择）。

图 4.26　CE9201 岩土工程质量检测仪

2. LTD2000 型探地雷达（图 4.27）

探地雷达是探测地下物体的地质雷达的简称。其基本原理（图 4.28）：发射机通过发射天线发射中心频率为 12.5 ~ 1 200 MHz、脉冲宽度为 0.1 ns 的脉冲电磁波信号。当这一信号在岩层中遇到探测目标时，会产生一个反射信号。直达信号和反射信号通过接收天线输入接收机，放大后由示波器显示出来。根据示波器有无反射信号，可以判断有无被测目标；根据反射信号到达滞后时间及目标物体平均反射波速，可以大致计算出探测目标的距离。探地雷达用于考古、基础深度确定、冰川、地下水污染、矿产勘探、潜水面、溶洞、地下管缆探测、分层、地下埋设物探察、公路地基和铺层、钢筋结构、水泥结构、无损探伤等检测。

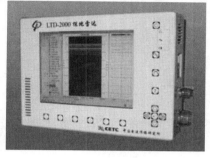

图 4.27　LTD-2000 型探地雷达　　　　图 4.28　探地雷达基本原理

探测深度:0~40 M(视土壤情况而定)。系统增益:160 dB。发射脉冲重复频率:可达128 kHz。时间窗:2~5 000 ns,可任选。A/D:16 位。采样率:128,256,512,1 024 或 2 048 样点/扫描,可任选。扫描速率:8~128 扫描/s,可任选。波形叠加次数:1~65 535 次,可任选。同步时钟:内部晶振。可编程时变增益,采用9点分段增益,实时曲线显示。

(二)实验步骤

1. 剪切波测试方法

(1)在距孔口约1.5 m处放一块振板,上压大于400 kg重物,振板上安置检波器,检波器与仪器触发孔连接。

(2)将探头放入孔中预定深度。

(3)用大于8磅大锤水平敲击振板,产生 P,S 波沿地层向下传播,由孔中的检波器接收沿井壁传播的 P,S 波振动信号并把 P,S 波的振动信号转换成电信号,通过电缆由主机记录显示存储。

(4)对信号进行数据处理后,计算 P,S 波传播速度。

(5)测试顺序自下而上逐点进行,测点深度基本间隔1.0 m。

2. 探地雷达测试方法

(1)根据探测内容选择发射天线。

(2)按要求连接仪器,开启电源。

(3)平稳移动主机,记录波形。

(4)分析波形,进行数据处理。

(5)确定空洞等不良地质现象的平面和空间位置。

(三)有关问题说明

1. 剪切波测试时要选定有代表性的触发点。

2. 探地雷达测试时要求检测人员按照操作规程使用仪器,否则将会引入干扰,给图像处理和解释带来一定的困难。

三、预习问题

物探方法有哪些?剪切波速法利用的是什么波?

第五章
路基路面工程实验

通过路基路面工程实验,学生能基本掌握路基路面工程施工质量检验与路面使用性能的主要测试方法,加深理论知识的理解,训练动手能力,以便在以后的实际工作中能正确运用。这些实验不同于其他基础课的实验,它是日后工作技能的一种提前培训,它对实际工作有着极其重要的作用。实验要求学生尽量能亲自操作,并掌握每个实验的基本步骤,能独立完成整个实验并写出完整的实验报告。

路基路面工程实验包括室内和室外实验,室内实验主要是在实验室里做好标准试件,然后在机器上操作。室外实验是在已成型的路基路面上进行现场实验操作。

路基路面工程实验内容主要包括压实度、回弹弯沉、平整度、路面构造深度、抗滑性能和承载比(CBR)测试(室内)等内容。

第一节　必修实验

实验一　挖坑灌砂法测定压实度

一、实验目的和适用范围

本实验法适用于在现场测定基层(或底基层)、砂石路面及路基土的各种材料压实层的密度和压实度,也适用于沥青表面处治、沥青贯入式路面层的密度和压实度检测,但不适用于填石路堤等有大孔洞或大孔隙材料的压实度检测。

用挖坑灌砂法测定密度和压实度时,应符合下列规定。

(1)当集料的最大粒径小于 15 mm、测定层的厚度不超过 150 mm 时,宜采用 ϕ100 mm 的小型灌砂筒测试。

(2)当集料的最大粒径等于或大于 15 mm,但不大于 40 mm,测定层的厚度超过 150 mm,但不超过 200 mm 时,应用 ϕ150 mm 的大型灌砂筒测试。

二、仪具与材料

本实验需要下列仪具与材料。

(1)灌砂筒。有大小两种,根据需要采用。型号和主要尺寸见图 5.1 及表 5.1。当尺寸与表中不一致但不影响使用时,也可使用。储砂筒筒底中心有一个圆孔,下部装一倒置的圆锥形漏斗,漏斗上端开口,直径与储砂筒的圆孔相同。漏斗焊接在一块铁板上,铁板中心有一圆孔与漏斗上开口相接。在储砂筒筒底与漏斗顶端铁板之间设有开关。开关为一薄铁板,一端与筒底及漏斗铁板铰接在一起,另一端伸出筒身外。开关铁板上也有一个相同直径的圆孔。

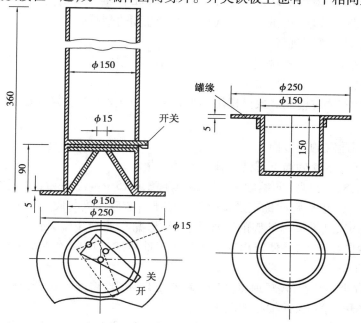

图 5.1　灌砂筒和标定罐

(2)金属标定罐。用薄铁板制作的金属罐,上端周围有一罐缘。

(3)基板。用薄铁板制作的金属方盘,盘的中心有一圆孔。

(4)玻璃板。边长约 500~600 mm 的方形板。

表 5.1　灌砂仪的主要尺寸

结　　构		小型灌砂筒	大型灌砂筒
储砂筒	直径/mm	100	150
	容积/cm³	2 120	4 600
流沙孔	直径/mm	10	15
金属标定罐	内径/mm	100	150
	外径/mm	150	200
金属方盘基板	边长/mm	350	400
	深/mm	40	50
中孔	直径/mm	100	150

注:如集料的最大粒径超过 40 mm,则应相应地增大灌砂筒标定罐的尺寸。如集料的最大粒径超过 60 mm,灌砂筒和现场试洞的直径应为 200 mm。

(5)试样盘。小筒挖出的试样可用饭盒存放,大筒挖出的试样可用 300 mm × 500 mm × 40 mm 的搪瓷盘存放。

（6）天平或台秤。称量 10～15 kg，感量不大于 1 g。用于含水量测定的天平精度，对细粒土、中粒土、粗粒土宜分别为 0.01，0.1，1.0g。

（7）含水量测定器皿。如铝盒、烘箱等。

（8）量砂。粒径 0.30～0.60 mm 或 0.25～0.50 mm 清洁干燥的均匀砂，为 20～40 kg，使用前须洗净、烘干并放置足够的时间，使其与空气的湿度达到平衡。

（9）盛砂的容器。塑料桶等。

（10）其他。凿子、改锥、铁锤、长把勺、长把小簸箕、毛刷等。

三、方法与步骤

1. 按现行实验方法对检测对象试样用同种材料进行击实实验，得到最大干密度（ρ_c）及最佳含水量。

2. 按规定选用适宜的罐砂筒。

3. 按下列步骤标定灌砂筒下部圆锥体内砂的质量。

（1）在罐砂筒筒口高度上向灌砂筒内装砂至距筒顶 15 mm 左右为止。称取装入筒内砂的质量 m_1，准确至 1 g。以后每次标定及实验都应该维持装砂高度与质量不变。

（2）将开关打开，使灌砂筒筒底的流砂孔、圆锥形漏斗上端开口圆孔及开关铁板中心的圆孔上下对准，让砂自由流出，并使流出砂的体积与工地所挖试坑内的体积相当（或等于标定罐的容积），然后关上开关。

（3）不晃动储砂筒的砂，轻轻地将灌砂筒移至玻璃板上，将开关打开，让砂流出，直到筒内砂不再流出时，将开关关上，并细心地取走灌砂筒。

（4）收集并称量留在玻璃板上的砂或称量筒内的砂，准确至 1 g。玻璃板上的砂就是填满筒下部圆锥体的砂（m_2）。

（5）重复上述测量 3 次，取其平均值。

4. 按下列步骤标定量砂的单位质量 γ_s（g/cm³）

（1）用水确定标定罐的容积 V，准确至 1 mL。

（2）在储砂筒中装入质量为 m_1 的砂，并将灌砂筒放在标定罐上，将开关打开，让砂流出。在整个流砂过程中，不要碰动灌砂筒，直到储砂筒内的砂不再流出时，将开关关闭。取下灌砂筒，称取筒内剩余砂的质量（m_3），准确至 1 g。

（3）接下式计算填满标定罐所需砂的质量 m_a。

$$m_a = m_1 - m_2 - m_3$$

式中　　m_a——标定罐中砂的质量，g；

m_1——装入灌砂筒内的砂的总质量，g；

m_2——灌砂筒下部圆锥体内砂的质量，g；

m_3——灌砂入标定罐后，筒内剩余砂的质量，g。

（4）重复上述测量 3 次，取其平均值。

（5）按下式计算量砂的单位质量 γ_s：

$$\gamma_s = \frac{m_a}{V}$$

式中　　γ_s——量砂的单位质量，g/cm³；

V——标定罐的体积，cm³。

5. 实验步骤

（1）在实验地点，选一块平坦表面，并将其清扫干净，其面积不得小于基板面积。

（2）将基板放在平坦表面上。当表面粗糙度较大时，则将盛有量砂（m_5）的灌砂筒放在基板中间的圆孔上，将灌砂筒的开关打开，让砂流入基板的中孔内，直到储砂筒内的砂不再流出时关闭开关。取下灌砂筒，并称量筒内砂的质量（m_6），准确至 1 g。

（3）取走基板，并将留在实验地点的量砂收回，重新将表面清扫干净。

（4）将基板放回清扫干净的表面上（尽量放在原处），沿基板中孔凿洞（洞的直径与灌砂筒一致）。在凿洞过程中，应注意不使凿出的材料丢失，并随时将凿松的材料取出装入塑料袋中，不使水分蒸发，也可放在大试样盒内。试洞的深度应等于测定层厚度，但不得有下层材料混入，最后将洞内的全部凿松材料取出。对土基或基层，为防止试样盘内材料的水分蒸发，可分几次称取材料的质量。全部取出材料的总质量为 m_w，准确至 1 g。

（5）从挖出的全部材料中取有代表性的样品，放在铝盒或洁净的搪瓷盘中，测定其含水量 ω（以%计）。样品的数量：用小罐砂筒测定时，细粒土不少于 100 g；各种中粒土不少于 500 g。用大灌砂筒测定时，细粒土不少于 200 g，各种中粒土不少于 1 000 g；粗粒土或水泥、石灰、粉煤灰等无机结合料稳定材料宜将取出的全部材料烘干，且不少于 2 000 g，称其质量（m_d），准确至 1 g。

（6）将基板安放在试坑上，将灌砂筒安放在基板中间（储砂筒内放满砂到要求质量 m_1），使灌砂筒的下口对准基板的中孔及试洞，打开灌砂筒的开关，让砂流入试坑内。在此期间，应注意勿碰动灌砂筒。直到储砂筒内的砂不再流出，关闭开关。仔细取走灌砂筒，并称量筒内剩余砂的质量（m_4），准确至 1 g。

（7）如清扫干净的平坦表面的粗糙度不大，也可省去（2）和（3）的操作。在试坑挖好后，将灌砂筒直接对准放在试坑上，中间不需要放基板。打开筒的开关，让砂流入试坑内。在此期间，应注意勿碰动灌砂筒。直到储砂筒内的砂不再流出，关闭开关。仔细取走灌砂筒，并称量剩余砂的质量（m_4'），准确至 1 g。

（8）仔细取出试筒内的量砂，以备下次实验时用。若量砂的湿度已发生变化或量砂中混有杂质则应该重新烘干、过筛，并放置一段时间，使其与空气的湿度达到平衡后再用。

四、计算公式

1. 按下式计算填满试坑所用的砂的质量 m_b（g）。

罐砂时，试坑上放有基板时

$$m_b = m_1 - m_4 - (m_5 - m_6)$$

罐砂时，试坑上不放基板时

$$m_b = m_1 - m_4' - m_2$$

式中　m_b——填满试坑的砂的质量，g；

　　　m_1——罐砂前灌砂筒内砂的质量，g；

　　　m_2——灌砂筒下部圆锥体内砂的质量，g；

　　　m_4，m_4'——罐砂后，灌砂筒内剩余砂的质量，g；

　　　$(m_5 - m_6)$——灌砂筒下部圆锥体内及基板和粗糙表面间砂的合计质量，g。

2. 按下式计算试坑材料的湿密度 ρ_w（g/cm^3）。

$$\rho_w = \frac{m_w}{m_b} \times \gamma_s$$

式中　m_w——试坑中取出的全部材料的质量,g;

　　　γ_s——量砂的单位质量,g/cm³。

3. 按下式计算试坑材料的干密度 ρ_d(g/cm³)。

$$\rho_d = \frac{\rho_w}{1 + 0.01\omega}$$

式中　ω——试坑材料的含水量,%。

4. 当为水泥、石灰、粉煤灰等无机结合料稳定土的场合,可按下式计算干密度 ρ_d(g/cm³)。

$$\rho_d = \frac{m_d}{m_b} \times \gamma_s$$

式中　m_d——试坑中取出的稳定土的烘干质量,g。

5. 按下式计算施工压实度。

$$K = \frac{\rho_d}{\rho_c} \times 100\%$$

式中　K——测试地点的施工压实度,%;

　　　ρ_d——试样的干密度,g/cm³;

　　　ρ_c——由击实实验得到的试样的最大干密度,g/cm³。

五、实验报告

量砂密度标定实验记录表

样品名称						实验日期						
量器直径/cm	试验次数	量器质量/g	量器+玻璃板质量/g	量器+玻璃板+水质量/g	量器容积/cm³	平均量器容积/cm³	量器+量砂质量/g	灌砂筒下部锥体内与基板砂质量/g	灌砂筒+剩余量砂质量/g	量器量砂质量/g	量砂密度/(g·cm⁻³)	平均密度/(g·cm⁻³)
备　注:												

实验:　　　　　计算:　　　　　复核:

各种材料的干密度均应准确至 $0.01 \ \text{g/cm}^3$。

压实度实验现场检测记录

工程名称				实验日期		
工程部位				实验规程		
填筑层次				最大干密度		
测点桩号						
测点距中桩距离/m						
明挖洞深度/cm						
灌砂筒质量 + 砂质量/g						
灌砂筒质量 + 剩余砂质量/g						
试洞内砂 + 圆锥体砂质量/g						
基板与灌砂筒三角锥砂质量/g						
试坑耗砂量/g						
量砂密度/$(\text{g} \cdot \text{cm}^{-3})$						
试坑体积/cm^3						
试坑内湿土质量/g						
湿密度/$(\text{g} \cdot \text{cm}^{-3})$						
含水量测定	盒号					
	盒 + 湿土质量/g					
	盒 + 干土质量/g					
	盒质量/g					
	水质量/g					
	干土质量/g					
	含水量/%					
	平均含水量/%					
干密度/$(\text{g} \cdot \text{cm}^{-3})$						
最大干密度/$(\text{g} \cdot \text{cm}^{-3})$						
压实度/%						
压实度标准/%						
实　验		计　算			复　核	

实验二　贝克曼梁测定路基路面回弹弯沉

一、实验目的和适用范围

1. 本方法适用于测定各类路基路面的回弹弯沉,用以评定其整体承载能力,可供路面结构设计使用。

2. 沥青路面的弯沉以路表温度 20 ℃时为准,在其他温度测试,对厚度大于 5 cm 的沥青路面,弯沉值应予温度修正。

二、仪具与材料

本实验需要下列仪具与材料。

1. 标准车

双轴、后轴双侧 4 轮的载重车,其标准轴荷载、轮胎尺寸、轮胎间隙及轮胎气压等主要参数应符合表 5.2 要求。测试车可根据需要按公路等级选择,高速公路、一级及二级公路应采用后轴 10 t 的 BZZ-100 标准车;其他等级公路可采用后轴 6 t 的 BZZ-60 标准车。

表 5.2　测定弯沉用的标准车参数

标准轴载等级	BZZ-100	BZZ-60
后轴标准轴载 P/kN	100 ± 1	60 ± 1
一侧双轮荷载/kN	50 ± 0.5	30 ± 0.5
轮胎充气压力/MPa	0.70 ± 0.05	0.50 ± 0.05
单轮传压面当量圆直径/cm	21.30 ± 0.5	19.50 ± 0.5
轮隙宽度	应满足能自由插入弯沉仪测头的测试要求	

2. 路面弯沉仪

由贝克曼梁、百分表及表架组成,贝克曼梁由合金铝制成,上有水准泡,其前臂(接触路面)与后臂(装百分表)长度比为 2:1。弯沉仪长度有两种:一种长 3.6 m,前后臂分别为 2.4 m 和 1.2 m;另一种加长的弯沉仪长 5.4 m,前后臂分别为 3.6 m 和 1.8 m。当在半刚性基层沥青路面或水泥混凝土路面上测定时,宜采用长度为 5.4 的贝克曼梁弯沉仪,并采用 BZZ-100 标准车。弯沉采用百分表量得,也可用自动记录装置进行测量。

3. 接触式路表温度计

端部为平头,分度不大于 1 ℃。

4. 其他

皮尺、口哨、白油漆或粉笔、指挥旗等。

三、实验方法

1. 准备工作

(1)检查并保持测定用标准车的车况及刹车性能良好,轮胎内胎符合规定充气压力。

(2)向汽车车槽中装载(铁块或集料),并用地中衡称量后轴总质量,符合要求的轴重规定,汽车行驶及测定过程中,轴重不得变化。

(3)测定轮胎接地面积:在平整光滑的硬质路面上用千斤顶将汽车后轴顶起,在轮胎下方铺一张新的复写纸,轻轻落下千斤顶,即在方格纸上印上轮胎印痕,用求积仪或数方格的方法测算轮胎接地面积,准确至 $0.1\ cm^2$。

(4)检查弯沉仪百分表测量灵敏情况。

(5)在沥青路面上,用路表温度计测定实验时,气温及路表温度(一天中气温不断变化,应随时测定),并通过气象台了解前5天的平均气温(日最高气温与最低气温的平均值)。

(6)记录沥青路面修建或改建时材料、结构、厚度、施工及养护等情况。

2.路基路面回弹弯沉测试步骤

(1)在测试路段布置测点,其距离随测试需要而定。测点应在路面行车道的轮迹带上,并用白油漆或粉笔画上标记。

(2)将实验车后轮轮隙对准测点后 3~5 cm 处的位置上。

(3)将弯沉仪插入汽车后轮之间的缝隙处,与汽车方向一致,梁臂不得碰到轮胎,弯沉仪测头置于测点上(轮隙中心前方 3~5 cm 处),并安装百分表于弯沉仪的测定杆上,百分表调零,用手指轻轻叩打弯沉仪,检查百分表是否稳定回零。

弯沉仪可以单侧测定,也可以双侧同时测定。

(4)测定者吹哨发令指挥汽车缓缓前进,百分表随路面变形的增加而持续向前转动。当表针转动到最大值时,迅速读取初读数 L_1。汽车继续前进,表针反向回转,待汽车驶出弯沉影响半径(约 3 m 以上)后,吹口哨或挥动指挥红旗,汽车停止。待表针回转稳定后,再次读取终读数 L_2。汽车前进的速度宜为 5 km/h 左右。

3.弯沉仪的支点变形修正

(1)当采用长度为3.6 m 的弯沉仪对半刚性基层沥青路面、水泥混凝土路面等进行弯沉测定时,有可能引起弯沉仪支座处变形,因此测定时应检验支点有无变形。此时应将另一台检验用的弯沉仪安装在测定用弯沉仪的后方,其测点架于测定用弯沉仪的支点旁。当汽车开出时,同时测定两台弯沉仪的弯沉读数,如检验用弯沉仪百分表有读数,即应该记录并进行支点变形修正。当在同一结构层上测定时,可在不同位置测定 5 次,求取平均值,以后每次测定时以此作为修正值。

(2)当采用长度为 5.4 m 的弯沉仪测定时,可不进行支点变形修正。

四、结果计算及温度修正

1.路面测点的回弹弯沉值依下式计算:

$$L_T = (L_1 - L_2) \times 2$$

式中　L_T——在路面温度 T ℃时的回弹弯沉值,0.01 mm;

　　　L_1——车轮中心临近弯沉仪测头时百分表的最大读数,0.01 mm;

　　　L_2——汽车驶出弯沉影响半径后百分表的终读数,0.01 mm。

2.当需要进行弯沉仪支点变形修正时,路面测点的回弹弯沉值按下式计算。

$$L_T = (L_1 - L_2) \times 2 + (L_3 - L_4) \times 6$$

式中　L_1——车轮中心临近弯沉仪测头时测定用弯沉仪的最大读数,0.01 mm;

　　　L_2——汽车驶出弯沉影响半径后测定用弯沉仪的最终读数,0.01 mm;

　　　L_3——车轮中心临近弯沉仪测头时检验用弯沉仪的最大读数,0.01 mm;

　　　L_4——汽车驶出弯沉影响半径后检验用弯沉仪的终读数,0.01 mm。

注:此式适用于测定用弯沉仪支座处有变形,但百分表架处路面已无变形的情况。

3. 沥青面层厚度大于 5 cm 的沥青路面,回弹弯沉值应进行温度修正,温度修正及回弹弯沉的计算宜按下列步骤进行。

(1)测定时的沥青层平均温度按下式计算。

$$T = \frac{T_{25} + T_m + T_e}{3}$$

式中 T——测定时沥青层平均温度,℃;

T_{25}——根据 T_0 决定的路表下 25 mm 处的温度,℃;

T_m——根据 T_0 决定的沥青层中间深度的温度,℃;

T_e——根据 T_0 决定的沥青层底面处的温度,℃。

(2)沥青路面回弹弯沉按下式计算。

$$L_{20} = L_T \times K$$

式中 K——温度修正系数;

L_{20}——换算为 20 ℃的沥青路面回弹弯沉值,0.01 mm;

L_T——测定时沥青面层内平均温度为 T 时的回弹弯沉值,0.01 mm。

4. 按下式计算每一个评定路段的代表弯沉。

$$L_r = L + Z_a S$$

式中 L_r—— 一个评定路段的代表弯沉,0.01 mm;

L—— 一个评定路段内经各项修正后的各测点弯沉的平均值,0.01 mm;

S—— 一个评定路段内经各项修正后的全部测点弯沉的标准差,0.01 mm;

Z_a——与保证率有关的系数,采用下列数值:

高速公路、一级公路　　　$Z_a = 2.0$

H 级公路　　　　　　　$Z_a = 1.645$

H 级以下公路　　　　　$Z_a = 1.5$

五、实验报告

报告应包括表 5.3 的内容。

1. 弯沉测定表、支点变形修正值、测试时的路面温度及温度修正值。

2. 每一个评定路段的各测点弯沉的平均值、标准差及代表弯沉。

表 5.3 回弹弯沉实验记录表

项目名称：　　　　　　　　　　　合 同 号：
施工单位：　　　　　　　　　　　监理单位：

工程部位		测试时间		后 轴 重	
容许弯沉值/0.01 mm		天气温度		后胎气压	
仪器名称、型号、编号				检验车道	
起止桩号				路面温度	
测点桩号	读数值/0.01 mm		回弹弯沉值/0.01 mm		测点弯沉描述
	左轮	右轮	左轮	右轮	
总测点数 $n=$ 　（点）			平均值 $L=$ 　（0.01 mm）		
标准差 $s=$			代表弯沉 $L_r=$ 　（0.01 mm）		
检验方法：					

检测：　　　　　　　　计算：　　　　　　　　复核：

实验三 3 m 直尺测定平整度

一、实验目的和适用范围

1. 本方法规定用 3 m 直尺测定距离路表面的最大间隙表示路基路面的平整度（以 mm 计）。

2. 本方法适用于测定压实成型的路面各层表面的平整度，以评定路面的施工质量及使用质量，也可用于路基表面成型后的施工平整度检测。

二、仪具与材料

本实验需要下列仪具与材料。

1. 3 m 直尺

硬木或铝合金钢制，底面平直，长 3 m。

2. 楔形塞尺

木或金属制的三角形塞尺，有手柄。塞尺的长度与高度之比不小于 10，宽度不大于 15 mm，

117

边部有高度标记,刻度精度不小于 0.2 mm,也可使用其他类型的量尺。

3.其他

皮尺或钢尺、粉笔等。

三、方法与步骤

1.准备工作

(1)按有关规范规定选择测试路段。

(2)在测试路段路面上选择测试地点。当施工过程中质量检测需要时,测试地点根据需要确定,可以单杆检测;当路基路面工程质量检查验收或进行路况评定需要时,应连续测量 10尺。除特殊需要者外,应以行车道一侧车轮轮迹(距车道线 80～100 cm)作为连续测定的标准位置。对旧路已形成车辙的路面,应取车辙中间位置为测定位置。

(3)清扫路面测定位置处的污物。

2.测试步骤

(1)在施工过程中检测时,按根据需要确定的方向,将 3 m 直尺摆在测试地点的路面上。

(2)目测 3 m 直尺底面与路面之间的间隙情况,确定间隙为最大的位置。

(3)用有高度标线的塞尺塞进间隙处,量记其最大间隙的高度。

(4)施工结束后检测时,按现行《公路工程质量检验评定标准》(JTG F80/1—2017)的规定,每一处连续检测 10 尺,按上述(1)～(3)的步骤测记 10 个最大空隙。

四、结果计算

单杆检测路面的平整度计算,以 3 m 直尺与路面的最大间隙为测定结果。连续测定10 次时,判断每个测定值是否合格,根据要求计算合格百分率,并计算 10 个最大间隙的平均值。

五、报告

单杆检测的结果应随时记录测试位置及检测结果。连续测定 10 尺时,应报告平均值、不合格尺数、合格率,见表5.4。

表5.4　平整度测量记录表(3 m 直尺)

项目名称:　　　　　　　　　　　　合　同　号:
施工单位:　　　　　　　　　　　　监理单位:

工程名称及桩号													
允许偏差/mm								测试日期					
桩号或部位	最大间隙高度/mm											不合格尺数	合格率/%
	1	2	3	4	5	6	7	8	9	10			
总测点数/尺			合格点数/尺					合格率/%					

检测:　　　　　　　记录:　　　　　　　复核:

实验四　手工铺砂法测定路面构造深度

一、实验目的和适用范围

该方法适用于测定沥青路面及水泥混凝土路面表面构造深度,用以评定路面表面的宏观粗糙度、路面表面的排水性能及抗滑性能。

二、仪具与材料

本实验须用下列仪具与材料。

1. 人工销砂仪

由圆筒、推平板组成。

(1)量砂筒。一端是封闭的,容积为(25 ± 0.15)mL,可通过称量砂筒中水的质量以确定其容积V,并调整其高度,使其容积符合规定要求。带一个专门的利尺将筒口量砂刮平。

(2)推平板。应为木制或铝制,直径50 mm,底面粘一层厚1.5 mm的橡胶片,上面有一圆柱把手。

(3)刮千尺。可用30 cm钢板尺代替。

2. 量砂

足够数量的干燥洁净的匀质砂,粒径0.15~0.3 mm。

3. 量尺

钢板尺、钢卷尺,或采用已按公式将直径换算成构造深度作为刻度单位的专用的构造深度尺。

4. 其他

装砂容器、铲子、扫帚或毛刷、挡风板等。

三、方法与步骤

1. 准备工作

(1)量砂准备。取洁净的细砂晾干、过筛,取0.15~0.3 mm的砂置于适当的容器中备用。量砂只能在路面上使用一次,不宜重复使用。回收砂必须经干燥、过筛处理后方可使用。

(2)按本规程附录A的方法,对测试路段按随机取样选点的方法,决定测点所在横断面位置。测点应选在行车道的轮迹带上,距路面边缘不应小于1 m。

2. 实验步骤

(1)用扫帚或毛刷将测点附近的路面清扫干净,面积不小于30 cm×30 cm。

(2)用小铲装砂沿街向圆筒中注满砂,手提圆筒上方,在硬质路表面轻轻地叩打3次,使砂密实,补足砂面用钢尺一次刮平。

注:不可直接用量砂筒装砂,以免影响量砂密度的均匀性。

(3)将砂倒在路面上,用底面粘有橡胶片的推平板,由里向外重复作摊铺运动,稍稍用力将砂细心地、尽可能地向外摊开,使砂填入凹凸不平的路表面的空隙中,尽可能地将砂摊成圆形,并不得在表面上留有浮动余砂。注意摊铺时不可用力过大或向外推挤。

(4)用钢板尺测量所构成圆的两个垂直方向的直径,取其平均值,准确至5 mm。

(5)按以上方法,同一处平行测定不少于3次,3个测点均位于轮迹带上,测点间距3~5 m。该处的测定位置以中间测点的位置表示。

四、结果计算

1. 路面表面构造深度测定结果按下式计算。

$$TD = \frac{1\ 000V}{\frac{\pi D^2}{4}} = \frac{31\ 831}{D^2}$$

式中　TD——路面表面构造深度,mm;

　　　V——砂的体积,25 cm²;

　　　D——摊平砂的平均直径,mm。

2. 每处均取 3 次路面构造深度的测定结果的平均值作为实验结果,准确至 0.1 mm。

3. 按本规范附录 B 的方法计算每一个评定区间路面构造深度的平均值、标准差、变异系数。

五、实验报告

1. 列表逐点报告路面构造深度的测定值及 3 次测定的平均值,当平均值小于 0.2 mm 时,实验结果以 <0.2 mm 表示。

2. 每一个评定区间路面构造深度的平均值、标准差、变异系数(表 5.5)。

表 5.5　路面抗滑构造深度检测记录表

项目名称:　　　　　　　　　　合 同 号:
施工单位:　　　　　　　　　　监理单位:

检测路段			路面形式			测试日期		
测点桩号	测点位置距中桩/m	砂体积/cm³	摊平砂直径/mm			构造深度 TD/mm	构造深度平均值/mm	
			上下方向	左右方向	平均值			
检测点数/点		合格点数/点			合格率/%			
检验依据:								

检测:　　　　　　　　计算:　　　　　　　　校核:

实验五　摆式仪测定路面抗滑值

一、实验目的和适用范围

该方法适用于以摆式摩擦系数测定仪(摆式仪)测定沥青路面及水泥混凝土路面的抗滑值,用以评定路面在潮湿状态下的抗滑能力。

二、仪具与材料

本实验需要下列仪具及材料:

1.摆式仪。摆及摆的连接部分总质量为(1 500 ± 30)g,摆动中心至摆的重心距离为(410 ±5)mm,测定时摆在路面上滑动长度为(126 ±1)mm,摆上橡胶片端部距摆动中心的距离为508 mm,橡胶片对路面的正向静压力为(22.2 ±0.5)N。

2.橡胶片。当用于测定路面抗滑值时的尺寸为6.35 mm ×25.4 mm ×76.2 mm,橡胶质量应符合表5.6的要求。当橡胶片使用后,端部在长度方向上磨耗超过1.6 mm 或边缘在宽度方向上磨耗超过3.2 mm,或有油类污染时,即应更换新橡胶片。新橡胶片应先在干燥路面上测试10 次后用于测试。橡胶片的有效使用期为1 年。

表5.6　橡胶物理性质技术要求

性质指标	温　度/℃				
	0	10	20	30	40
弹性/%	43 ~49	58 ~65	66 ~73	71 ~77	74 ~79
硬度	55 ±5				

3.标准量尺。长126 mm。

4.洒水壶。

5.橡胶刮板。

6.路面温度计。分度不大于1 ℃。

7.其他。皮尺或钢卷尺、扫帚、粉笔等。

三、方法与步骤

1.准备工作

(1)检查摆式仪的调零灵敏情况,并定期进行仪器的标定。当用于路面工程检查验收时,仪器必须重新标定。

(2)按本规程附录A的方法,对测试路段按随机取样选点的方法,决定测点所在横断面位置。测点应选在行车车道的轮迹带上,距路面边缘线不应小于1 m,并用粉笔标记。测点位置宜紧靠铺砂法测定构造深度的测点位置,一一对应。

2.实验步骤

(1)仪器调平。

①将仪器置于路面测点上,并使摆的摆动方向与行车方向一致。

②转动底座上的调平螺栓,使水准泡居中。

（2）调零。

①放松上、下两个紧固把手，转动升降把手，使摆升高并能自由摆动，然后旋紧紧固把手。

②将摆向右运动，按下安装于悬臂上的释放开关，使摆上的卡环进入开关槽，放开释放开关，摆即处于水平释放位置，并把指针抬至与摆杆平行处。

按下释放开关，使摆向左带动指针摆动，当摆达到最高位置后下落时，用左手将摆杆接住，此时指针应指零。若不指零，可稍旋紧或放松摆的调节螺母，重复本项操作，直至指针指零。调零允许误差为 ±1BPN。

（3）校核滑动长度。

①用扫帚扫净路面表面，并用橡胶刮板清除摆动范围内路面上的松散粒料。

②让摆自由悬挂，提起摆头上的举升柄，将底座上垫块置于定位螺钉下面，使摆头上的滑溜块升高。放松紧固把手，转动立柱升降把手，使摆缓缓下降。当滑溜块上的橡胶片刚刚接触路面时，即将紧固把手旋紧，使摆头固定。

③提起举升柄，取下垫块，使摆向右运动。然后，手提举升柄使摆慢慢向左运动，直至橡胶片的边缘刚刚接触路面。在橡胶片的外边摆动方向设置标准量尺，尺的一端正对该点。再用手提起举升柄，使滑溜块向上抬起，并使摆继续运动至左边，使橡胶片返回落下再一次接触路面，橡胶片两次同路面接触点的距离应在 126 mm（即滑动长度）左右。若滑动长度不符合标准时，则升高或降低仪器底正面的调平螺钉来校正，但须调平水准泡，重复此项校正直至使滑动长度符合要求。而后，将摆和指针置于水平释放位置。

注：校核滑动长度时，应以橡胶片长边刚刚接触路面为准，不可借摆力量向前滑动，以免标定的滑动长度过长。

（4）用喷壶的水浇洒试测路面，并用橡胶刮板刮除表面泥浆。

（5）再次洒水，并按下释放开关，使摆在路面滑过，指针即可指示出路面的摆值。但第一次测定，不作记录。当摆杆回落时，用左手接住摆，右手提起举升柄使滑溜块升高，将摆向右运动，并使摆杆和指针重新置于水平释放位置。

（6）重复（5）的操作测定 5 次，并读记每次测定的摆值，即 BPN。5 次数值中最大值与最小值的差值不得大于 3 BPN。如差数大于 3 BPN 时，应检查产生的原因，并重复上述各项操作，至符合规定为止。取 5 次测定的平均值作为每个测点路面的抗滑值（即摆值 F_B），取整数，以 BPN 表示。

（7）在测点位置上用路表温度计测记潮湿路面的温度，准确至 1 ℃。

（8）按以上方法，同一处平行测定不少于 3 次，3 个测点均位于轮迹带上，测点间距3 ~ 5 m。该处的测定位置以中间测点的位置表示。每一处均取 3 次测定结果的平均值作为实验结果，准确至 1 BPN。

四、抗滑值的温度修正

当路面温度为 T 时测得的摆值为 F_{BT}，必须按下式换算成标准温度 20 ℃ 的摆值 F_{B20}。

$$F_{B20} = F_{BT} + \Delta F$$

式中　F_{B20}——换算成标准温度 20 ℃ 时的摆值，BPN；

　　　F_{BT}——路面温度为 T 时测得的摆值，BPN；

　　　T——测定的路表潮湿状态下的温度，℃；

　　　ΔF——温度修正值，按表 5.7 采用。

表5.7 温度修正值

温度 T/℃	0	5	10	15	20	25	30	35	40
温度修正值 ΔF	6	−4	−3	−1	0	+2	+3	+5	+7

五、实验报告

1.测试日期、测点位置、天气情况、洒水后潮湿路面的温度,并描述路面类型、外观、结构类型等。

2.列表逐点报告路面抗滑值的测定值 F_{BT}、经温度修正后的 F_{B20} 及3次测定的平均值(表5.8)。

3.每一个评定路段路面抗滑值的平均值、标准差、变异系数。

六、精密度与允许差

同一个测点,重复5次测定的差值应不大于3 BPN。

表5.8 摆式仪测定路面抗滑值实验记录表

工程名称			实验日期								
起止桩号			仪器型号、编号								
路面类型			天气类型								
结构类型			气温/℃								
测点桩号	测点距中桩位置/m 左(+) 右(−)		摆值/BPN						路表潮湿状态下的温度/℃	温度修正值	标准温度20℃时摆值	摆值平均值
			1	2	3	4	5	平均值				
注:5次数值中最大值与最小值的差值不得大于3 BPN												
路段摆平均值: 标准差: 变异系数:												
结 论:								备 注:				

实验员: 计算者: 校核者:

第二节　选修实验

实验一　无机结合料稳定土的击实实验

一、实验目的和适用范围

1. 本实验法适用于在规定的时间内,对水泥稳定土(在水泥水化前)、石灰稳定土及石灰(或水泥)粉煤灰稳定土进行击实实验。以绘制稳定土的含水量-平密度关系曲线,从而确定其最佳含水量和最大干密度。

2. 实验集料的最大粒径宜控制在 25 mm 以内,最大不得超过 40 mm(圆孔筛)。

3. 实验方法类别。本实验方法分 3 类,各类击实方法的主要参数列于表 5.9。

表 5.9　实验方法类别

类　别	锤的质量/kg	锤击面直径/cm	落面/cm	试筒尺寸			锤击层数	每层锤击次数/次	平均单位击实功/J	容许最大粒径/mm
				内径/cm	高/cm	容积/cm³				
甲	4.5	5.0	45	10	12.7	997	5	27	2.687	25
乙	4.5	5.0	45	15.2	12.0	2 177	5	59	2.687	25
丙	4.5	5.0	45	15.2	12.0	2 177	3	98	2.677	40

二、仪器设备

1. 击实筒:小型,内径 100 mm、高 127 mm 的金属圆筒,套环高 50 mm,底座;中型,内径 152 mm、高 170 mm 的金属圆筒,套环高 50 mm,直径 151 mm 和高 50 mm 的筒内垫块,底座。

2. 击锤和导管锤的底面直径为 50 mm,总质量为 4.5 kg。击锤在导管内的总行程为 450 mm。

3. 天平:感量 0.01 g。

4. 台秤:称量 15 kg,感量 5 g。

5. 圆孔筛:孔径 40,25 或 20 mm 以及 5 mm 的筛各 1 个。

6. 量筒:50,100 和 500 mL 的量筒各 1 个。

7. 直刮刀:长 200 ~ 250 mm、宽 30 mm 和厚 3 mm,一侧开口的直刮刀,用以刮平和修饰粒料大试件的表面。

8. 刮土刀:长 150 ~200 mm、宽约 20 mm 的刮刀。用以刮平和修饰小试件的表面。

9. 工字形刮平尺:30 mm×50 mm×310 mm,上下两面和侧面均刨平。

10. 拌和工具:约 400 mm×600 mm×70 mm 的长方形金属盘,拌和用平头小铲等。

11. 脱模器。

12. 测定含水量用的铝盒、烘箱等其他用具。

三、试料准备

将具有代表性的风干试料(必要时,也可以在 50 ℃烘箱内烘干)用木锤或木碾捣碎。土团均应捣碎到能通过 5 mm 的筛孔。但应注意不使粒料的单个颗粒破碎或不使其破碎程度超过施工中拌和机械的破碎率。

如试料是细粒土,将已捣碎的具有代表性的土过 5 mm 筛备用(用甲法或乙法做实验)。

如试料中含有粒径大于 5 mm 的颗粒,则先将试料过 25 mm 的筛,如存留在筛孔 25 mm 筛的颗粒的含量不超过 20%,则过筛料留作备用(用甲法或乙法做实验)。

如试料中粒径大于 25 mm 的颗粒含量过多,则将试料过 40 mm 的筛备用(用丙法实验)。

每次筛分后,均应记录超尺寸颗粒的百分率。

在预定做击实实验的前一天,取有代表性的试料测定其风干含水量。细粒土试样应不少于 100 g;中粒土(粒径小于 25 mm 的各种集料)试样应不少于 1 000 g;粗粒土的各种集料试样应不少于 2 000 g。

四、实验步骤

1. 甲法

(1)将已筛分的试样用四分法逐次分小,至最后取出 10~15 kg 试料。再用四分法将已取出的试料分成 5~6 份,每份试料的干质量为 2.0 kg(细粒土)或 2.5 kg(各种中粒土)。

(2)预定 5~6 个不同含水量,依次相差 1%~2%,且其中至少有两个大于和两个小于最佳含水量。细粒土,可参照其塑限估计素土的最佳含水量。一般其最佳含水量较塑限小 3%~10%,砂性土接近 3%,黏性土为 6%~10%。天然砂砾土、级配集料等的最佳含水量与集料中细土的含量和塑性指数有关,一般变化为 5%~12%。对于细土少、塑性指数为 0 的未筛分碎石,其最佳含水量接近 5%。对于细土偏多、塑性指数较大的砂砾土,其最佳含水量在 10% 左右。水泥稳定土的最佳含水量与素土的接近,石灰稳定土的最佳含水量可能较素土大 1%~3%。

注:对于中粒土,最佳含水量取 1%,其余取 2%;对于细粒土,取 2%;对于黏土,特别是重黏土,可能需要取 3%。

(3)按预定含水量制备试样。将 1 份试料平铺于金属盘内,将事先计算得的该份试料中应加的水量均匀地喷洒在试料上,用小铲将试料充分拌和到均匀状态(如为石灰稳定土和水泥、石灰综合稳定土,可将石灰和试料一起拌匀),然后装入密闭容器或塑料口袋内浸润备用。

浸润时间:黏性土 12~24 h,粉性土 6~8 h,砂性土、砂砾土、红土砂砾、级配砂砾等可以缩短到 4 h 左右,含土很少的末筛分碎石、砂砾和砂可缩短到 2 h。应加水量可按下式计算:

$$Q_w = \left(\frac{Q_n}{1 + 0.01\omega_n} + \frac{Q_c}{1 + 0.01\omega_c}\right) \times 0.01\omega - \frac{Q_n}{1 + 0.01\omega_n} \times 0.01\omega_n$$
$$- \frac{Q_n}{1 + 0.01\omega_c} \times 0.01\omega_c$$

式中　Q_w——混合料中应加的水量,g;

　　　Q_n——混合料中素土(或集料)的质量,g,其原始含水量为 ω_n,即风干含水量,%;

　　　Q_c——混合料中水泥或石灰的质量,g,其原始含水量为 ω_c,%;

　　　ω——要求达到的混合料的含水量,%。

(4)所需要的稳定剂水泥加到浸润后的试料中,并用小铲、泥刀或其他工具充分拌和到均匀状态。加有水泥的试样拌和后,应在 1 h 内完成下述击实实验,拌和后超过 1 h 的试样,应予作废,石灰稳定土和石灰粉煤灰除外。

（5）试筒套环与击实底板应紧密联结。将击实筒放在坚实地面上,仍用四分法取制备好的试样 400～500 g(其量应使击实后的试样等于或略高于筒高的 1/5)倒入筒内,整平其表面并稍加压紧,然后按所需击数进行第一层试样的击实。击实时,击锤应自由铅直落下,落高应为 45 cm,锤迹必须均匀分布于试样面。第一层击实完后,检查该层高度是否合适,以便调整以后几层的试样用量。用刮土刀或改锥将已击实层的表面"拉毛",然后重复上述做法,击实其余四层试样。最后一层试样击实后,试样超出试筒顶的高度不得大于 6 mm,超出高度过大的试件应作废。

（6）用刮土刀沿套环内壁削挖(使试样与套环脱离)后,扭动并取下套环。齐筒顶细心刮平试样,并拆除底板。如试样底面略突出筒外或有孔洞,则应细心刮土或修补。最后用工字形刮平尺齐筒顶和筒底将试样刮平。擦净试筒的外壁,称其质量并准确至 5 g。

（7）用脱模器推出筒内试样。在试样内部从上到下取两个有代表性的样品(可将脱出试件用锤打碎后,用四分法采取),测定其含水量,计算至 0.1%。两个试样的含水量的差值不得大于 1%。所取样品的数量见表 5.10(如只取一个样品测定含水量,则样品的质量应为表列数值的两倍)。

表 5.10　测稳定土含水量的样品数量

最大粒径/mm	样品质量/g
2	约 50
5	约 100
25	约 500

烘箱的温度应事先调整到 110 ℃左右,以使放入的试样能立即在 105～110 ℃的温度下烘干。

（8）按本款第(3)～第(7)项的步骤进行其余含水量下稳定土的击实和测定工作。凡已用过的试样,一律不再重复使用。

2. 乙法

在缺乏内径 10 cm 的试筒时,以及在需要与承载比等实验结合起来进行时,采用乙法进行击实实验。本法更适宜于粒径达 25 mm 的集料。

（1）将已过筛的试料用四分法逐次分小,至最后取出约 30 kg 试料。再用四分法将取出的试料分成 5～6 份,每份试料的干重约 4.4 kg(细粒土)或 5.5 kg(中粒土)。

（2）以下各步的做法与甲法第(2)～第(8)项相同,但应该先将垫块放入筒内底板上,然后加料并击实。所不同的是,每层须取制备好的试样约 900 g(水泥或石灰稳定细粒土)或 1 100 g(稳定中粒土),每层的锤击次数为 59 次。

3. 丙法

（1）将已过筛的试料用四分法逐次分小,至最后取出约 33 kg 试料。再用四分法将取出的试料分成 6 份(至少要 5 份),每份重约 5.5 kg(风干质量)。

（2）预定 5～6 个不同含水量,依次相差 1%～2%。在估计的最佳含水量左右可差 1%,其余差 2%。

（3）同甲法第(3)项。

（4）同甲法第（4）项。

（5）将试筒、套环与夯击底板紧密地联结在一起,并将垫块放在筒内底板上。击实筒应放在坚实（最好是水泥混凝土）地面上,取制备好的试样1.8 kg左右,其量应使击实后的试样略高于（高出1～2 mm）筒高的1/3,倒入筒内,整平其表面,并稍加压紧。然后按需击数进行第一层试样的击实（共击98次）。击实时,击锤应自由铅直落下,落高应为45 cm,锤迹必须均匀分布于试样表面。第1层击实完后检查该层的高度是否合适,以便调整以后两层的试样用量。用刮土刀或改锥将已击实的表面"拉毛",然后重复上述做法,击实其余两层试样。最后一层试样击实后,试样超出试筒顶的高度不得大于6 mm。超出高度过大的试件应作废。

（6）用刮土刀沿套环内壁削挖（使试样与套环脱离）后,扭动并取下套环。齐筒顶细心刮平试样,并拆除底板,取走垫块。擦净试筒的外壁,称重,准确至5 g。

（7）用脱模器推出筒内试样。在试样内部从上到下取两个有代表性的样品（可将脱出试件用锤打碎后,用四分法采取）,测定其含水量,计算至0.1%。两个试样的含水量的差值不得大于1%。所取样品的质量应不小于700 g,如只取一个样品测定含水量,则样品的质量应不小于1 400 g。烘箱的温度应事先调整到110 ℃左右,以使放入的试样能立即在105～110 ℃的温度下烘干。

（8）按本款第（3）～第（7）项进行其余含水量下稳定土的击实和测定。凡已用过的试料,一律不再重复使用。

五、计算及制图

1. 按下式计算每次击实后稳定土的湿密度:

$$\rho_w = \frac{Q_1 - Q_2}{V}$$

式中　ρ_w——稳定土的湿密度,g/cm^3;

Q_1——试筒与湿试样的总质量,g;

Q_2——试筒的质量,g;

V——试筒的容积,cm^3。

2. 按下式计算每次击实后稳定土的干密度:

$$\rho_d = \frac{Q_1 - Q_2}{1 + 0.01\omega}$$

式中　ρ_d——试样的干密度,g/cm^3;

ω——试样的含水量,%。

3. 以干密度为纵坐标,以含水量为横坐标,在普通直角坐标纸上绘制干密度与含水量的关系曲线,驼峰形曲线顶点的纵横坐标分别为稳定土的最大干密度和最佳含水量。最大干密度用两位小数表示。如最佳含水量的值在12%以上,则用整数表示（即精确至1%）;如最佳含水量的值为6%～12%,则用一位小数"0"或"5"表示（即精确至0.5%）;如最佳含水量的值小于6%,则取一位小数,并用偶数表示（即精确至0.2%）。

如实验点不足以连成完整的驼峰形曲线,则应该进行补充实验。

4. 超尺寸颗粒的校正

当试样中大于规定最大粒径的超尺寸颗粒的含量为5%～30%时,按下式对实验所得最大干密度和最佳含水量进行校正,超尺寸颗粒的含量小于5%时,可以不进行校正。

最大于密度按下式校正：

$$\rho'_{dm} = \rho_{dm}(1 - 0.01p) + 0.9 \times 0.01pG'_a$$

式中　ρ'_{dm}——校正后的最大干密度，g/cm^3；

　　　ρ_{dm}——实验所得的最大干密度，m/cm^3；

　　　p——试样中超尺寸颗粒的百分率，%；

　　　G'_a——超尺寸颗粒的毛体积相对密度，计算精确至 $0.01\ g/cm^3$。

最佳含水量按下式校正：

$$\omega'_0 = \omega_0(1 - 0.01p) + 0.01p\omega_a$$

式中　ω'_0——校正后的最佳含水量，%；

　　　ω_0——实验所得的最佳含水量，%；

　　　p——试样中超尺寸颗粒的百分率，%；

　　　ω_a——超尺寸颗粒的吸水量，%。

注：超尺寸颗粒的含量小于5%时，它对最大干密度的影响位于平行实验的误差范围内。

六、精密度或允许误差

应做两次平行实验，两次实验最大干密度的差不应超过 $0.05\ g/cm^3$（稳定细粒土）和 $0.08\ g/cm^3$（稳定中粒土和粗粒土），最佳含水量的差不应超过 0.5%（最佳含水量小于 10%）和 1.0%（最佳含水量大于 10%）。

七、实验报告

实验报告应包括以下内容：

①试样的最大粒径、超尺寸颗粒的百分率。

②水泥的种类和标号或石灰中有效氧化钙和氧化镁的含量(%)。

③水泥和石灰的剂量(%)或石灰粉煤灰土(粒料)的配合比。

④所用实验方法类别。

⑤最大干密度(g/cm^3)。

⑥最佳含水量(%)并附击实曲线。

八、记录格式

本实验的记录格式见表5.11。

表5.11　稳定土击实实验

工程名称＿＿＿＿＿＿＿＿＿＿＿＿　　　　结合料含水量＿＿＿＿＿＿＿＿＿＿＿＿

式样编号＿＿＿＿＿＿＿＿＿＿＿＿　　　　实验方法＿＿＿＿＿＿＿＿＿＿＿＿

混合料名称＿＿＿＿＿＿＿＿＿＿＿＿　　　实验者＿＿＿＿＿＿＿＿＿＿＿＿

结合料剂量＿＿＿＿＿＿＿＿＿＿＿＿　　　校核者＿＿＿＿＿＿＿＿＿＿＿＿

集料含水量＿＿＿＿＿＿＿＿＿＿＿＿　　　实验期日＿＿＿＿＿＿＿＿＿＿＿＿

实验序号		1	2	3	4	5	6
干密度	加水量/g						
	筒＋湿试样的质量/g						
	筒质量/g						
	湿试样的质量/g						
	湿密度/($g \cdot cm^{-3}$)						
	干密度/($g \cdot cm^{-3}$)						

续表

实验序号		1	2	3	4	5	6
	盒　号						
含水量	盒 + 湿试样的质量/g						
	盒 + 干试样的质量/g						
	盒的质量/g						
	水的质量/g						
	干试样的质量/g						
	含水量/%						
	平均含水量/%						

实验二　承载板测定土基回弹模量

一、实验目的和适用范围

1. 本方法适用于在现场土基表面,通过承载板对土基逐级加载、卸载的方法,测出每级荷载下相应的土基回弹变形值,经过计算求得土基回弹模量。

2. 本方法测定的土基回弹模量可作为路面设计参数使用。

二、仪具与材料

本实验需要下列仪具与材料:

1. 加载设施:载有铁块或集料等重物、后轴重不小于 60 kN 的载重汽车一辆,作为加载设备。在汽车大梁的后轴之后约 80 cm 处,附设加劲小梁一根作为反力架。汽车轮胎充气压力 0.50 MPa。

2. 现场测试装置,由千斤顶、测力计(测力环或压力表)及球座组成。

3. 刚性承载板一块,板厚 20 mm,直径为 30 cm,直径两端设有立柱和可以调整高度的支座,供安放弯沉仪测头,承载板安放在土基表面上。

4. 路面弯沉仪两台,由贝克曼梁、百分表及其支架组成。

5. 液压千斤顶一台,80 ~ 100 kN,装有经过标定的压力表或测力环,其容量不小于土基强度,测定精度不小于测力计量程的 1%。

6. 秒表。

7. 水平尺。

8. 其他:细砂、毛刷、垂球、镐、铁锹、铲等。

三、方法与步骤

1. 准备工作

(1)根据需要选择有代表性的测点,测点应位于水平的路基上,土质均匀,不含杂物。

(2)仔细平整土基表面,撒干燥、洁净的细砂填平土基凹处,砂子不可覆盖全部土基表面避免形成夹层。

(3)安置承载板,并用水平尺进行校正,使承载板置水平状态。

（4）将实验车置于测点上,在加劲小梁中部悬挂垂球测试,使之恰好对准承载板中心,然后收起垂球。

（5）在承载板上安放千斤顶,上面衬垫钢圆筒、钢板,并将球座置于顶部与加劲横梁接触。如用测力环,应将测力环置于千斤顶与横梁中间,千斤顶与衬垫物必须保持垂直,以免加压时千斤顶倾倒发生事故并影响测试数据的准确性。

（6）安放弯沉仪,将两台弯沉仪的测头分别置于承载板立柱的支座上,百分表对零或其他合适的初始位置上。

2. 测试步骤

（1）用千斤顶开始加载,注视测力环或压力表,至预压 0.05 MPa,稳压 1 min,使承载板与土基紧密接触,同时检查百分表的工作情况是否正常,然后放松千斤顶油门卸载,稳压 1 min 后,将指针对零或记录初始读数。

（2）测定土基的压力-变形曲线。用千斤顶加载,采用逐级加载卸载法,用压力表或测力环控制加载量,荷载小于 0.1 MPa 时,每级增加 0.02 MPa,以后每级增加 0.04 MPa 左右。为了使加载和计算方便,加载数值可适当调整为整数。每次加载至预定荷载(P)后,稳定 1 min,立即读记两台弯沉仪百分表数值,然后轻轻放开千斤顶油门卸载至零,待卸载稳定 1 min 后,再次读数,每次卸载后百分表不再对零。当两台弯沉仪百分表读数之差小于平均值的 30% 时,取平均值。如超过 30%,则应重测。当回弹变形值超过 1 mm 时,即可停止加载。

（3）各级荷载的回弹变形和总变形,按以下方法计算。

回弹变形(L) =（加载后读数平均值－卸载后读数平均值）×弯沉仪杠杆比

总变形(L') =（加载后读数平均值－加载初始前读数平均值）×弯沉仪杠杆比

（4）测定总影响量 a。最后一次加载卸载循环结束后,取走千斤顶,重新读取百分表初读数,然后将汽车开出 10 m 以外,读取终读数,两只百分表的初、终读数差之平均值即为总影响量 a。

（5）在实验点下取样,测定材料含水量。最大粒径不大于 5 mm,试样数量约 120 g;最大粒径不大于 25 mm,试样数量约 250 g;最大粒径不大于 40 mm,试样数量约 500 g。

（6）在紧靠实验点旁边的适当位置,用灌砂法或环刀法等测定土基的密度。

（7）本实验的各项数值可记录于承载板测定的记录表上。

四、结果计算

1. 各级压力的回弹变形值加上该级的影响量,则为计算回弹变形值。以后轴重 60 kN 的标准车为测试车的各级荷载影响量的计算值见表 5.12。当使用其他类型测试车时,各级压力下的影响量 a_i 按下式计算。

$$a_i = \frac{(T_1 + T_2)\pi D^2 P_i}{4 T_i Q} \times a$$

式中　T_1——测试车前后轴距,m;

　　　T_2——加劲小梁距后轴距离,m;

　　　D——承载板直径,m;

　　　Q——测试车后轴重,N;

　　　P_i——该级承载板压力,Pa;

　　　a——总影响量,0.01 mm。

a_i——该级压力的分级影响量,0.01 mm。

表 5.12 各级荷载影响量(后轴 60 kN 标准车)

承载板压力/MPa	0.05	0.10	0.15	0.20	0.30	0.40	0.50
影响量	$0.06a$	$0.12a$	$0.18a$	$0.24a$	$0.36a$	$0.48a$	$0.60a$

2. 按下式计算相应于各级荷载下的土基回弹模量值。

$$E_i = \frac{\pi D}{4} \times \frac{p_i}{L_i}(1 - \mu_0^2)$$

式中 E_i——相应于各级荷载下的土基回弹模量,MPa;

μ_0——土的泊松比,根据部分路面设计规范规定选用;

D——承载板直径,30 cm;

p_i——承载板压力,MPa;

L_i——相对于荷载 P_i 时的回弹变形,cm。

3. 取结束实验前的各回弹变形值按线性回归方法由下式计算土基回弹模量 E_0 值:

$$E_0 = \frac{\pi D}{4} \times \frac{\sum p_i}{\sum L_i}(1 - \mu_0^2)$$

式中 E_0——土基回弹模量,MPa;

μ_0——土的泊松比,根据部分设计规范规定选用;

L_i——结束实验前的各级实测回弹变形值;

p_i——对应于 L_i 的各级压力值。

五、实验报告

1. 本实验采用的记录格式见表 5.13。

表 5.13 承载板测定记录表

路线和编号:						路面结构:			
测定层位:						测定用汽车型号:			
承载板直径:						测定日期: 年 月 日			

千斤顶读数	荷载 P/kN	承载板压力 P/MPa	百分表读数 /0.01 mm			总变形 /0.01 mm	回弹变形 /0.01 mm	分级影响量 /0.01 mm	计算回弹变形 /0.01 mm	E_i/MP$_a$
			加载前	加载后	卸载后					

2. 实验报告应记录下列结果:

(1)实验时所采用的汽车。

(2)近期天气情况。

（3）实验时土基的含水量（%）。

（4）土基密度和压实度。

（5）相应于各级荷载下的土基回弹模量 E_i 值。

（6）土基回弹模量值（MPa）。

实验三　土基现场 CBR 值测试

一、实验目的和适用范围

（1）本方法适用于在公路现场测定各种土基材料的现场 CBR 值。

（2）本方法所用试样的最大集料粒径宜小于 25 mm，最大不得超过 40 mm。

二、仪具与材料

本实验采用下列仪具与材料。

1. 荷重装置

装载有铁块或集料等重物的载重汽车，后轴重不小于 60 kN，在汽车大梁的后轴之后设有一加劲横梁作反力架用。

2. 现场测试装置

由千斤顶（机械或液压）、测力计（测力环或压力表）及球座组成。千斤顶可使贯入杆的贯入速度调节成 1 mm/min。测力计的容量不小于土基强度，测定精度不小于测力计量程的 1%。

3. 贯入杆

直径 ϕ50 mm，长约 200 mm 的金属圆柱体。

4. 承载板

每块 1.25 kg，直径 150 mm，中心孔眼直径 52 mm，不小于 4 块，并沿直径分为两个半圆块。

5. 贯入量测定装置

由平台及百分表组成，百分表量程 20 mm，精度 0.01 mm，数量 2 个，对称固定于贯入杆上，端部与平台接触。平台跨度不小于 50 cm。

注：此设备也可用两台贝克曼梁弯沉仪代替。

6. 细砂

洁净干燥的细干砂，粒径为 0.3~0.6 mm。

7. 其他

铁铲、盘、直尺、毛刷、天平等。

三、方法与步骤

1. 准备工作

（1）将实验地点约直径 30 cm 范围的表面找平，用毛刷刷净浮土，如表面为粗粒土，应撒布少许洁净的干砂填平，但不能覆盖全部土基，避免形成夹层。

（2）装置测试设备，先设置贯入杆及千斤顶，千斤顶顶在汽车后轴上且调节至适中高度。贯入杆应与土基表面紧密接触。

（3）安装贯入量测定装置，将支架平台、百分表（或两台贝克曼梁弯沉仪）安装好。

2. 测试步骤

(1)在贯入杆位置安放 4 块 1.25 kg 的分开成半圆的承载板,共 5 kg。

(2)调节测力计及贯入量百分表,调零,记录初始读数。

(3)启动千斤顶,使贯入杆以 1 mm/min 的速度压入土基,当贯入量为 0.5,1.0,1.5,2.0,2.5,3.0,4.0,5.0,7.5,10.0 及 12.5 mm 时,分别读取测力计读数。根据情况,也可在贯入量达 75 mm 时结束实验。

注:用千斤顶连续加载,两个贯入量百分表及测力计均应在同一时刻读数,当两个百分表读数不超过平均值的 30% 时,以其平均值作为贯入量,当两个表读数差值超过平均值的 30% 时,应停止实验。

(4)卸除荷载,移去测定装置。

(5)在实验点下取样,测定材料含水量。取样数量如下:

最大粒径不大于 5 mm,试样数量约 120 g;最大粒径不大于 25 mm,试样数量约 250 g;最大粒径不大于 40 mm,试样数量约 500 g。

(6)在紧靠实验点旁边的适当位置,用灌砂法或环刀法等测定土基的密度。

四、结果计算

1. 将贯入实验得到的等级荷重数除以贯入断面积(19.625 cm^2),得到各级压强(MPa),绘制荷载压强-贯入量曲线。

2. 从压强-贯入量曲线上读取贯入量为 2.5 mm 时的荷载压强 P_1,按下式计算现场 CBR 值。CBR 一般以贯入量 2.5 mm 时的测定值为准,当贯入量 5.0 mm 时的 CBR 大于 25 mm 时的 CBR 时,应重新做实验,如仍然如此,则以贯入量 5.0 mm 时的 CBR 为准。

$$现场\ CBR = \frac{P_1}{P_0} \times 100\%$$

式中 P_1——荷载压强,MPa;

P_0——标准压强,当贯入量为 2.5 mm 时为 7 MPa,当贯入量为 5.0 mm 时为 10.5 MPa。

五、实验报告

1. 本实验采用的记录格式见表 5.14。

2. 实验报告应包括下列结果。

(1)土基含水量(%)。

(2)测点的干密度(g/cm^3)。

(3)现场 CBR 值及相应的贯入量。

表 5.14 现场 CBR 值测定记录

路线和编号：			路面结构：			
测定层位：						
承载板直径(cm)：			测定日期：	年 月 日		

	预定贯入量 /mm	贯入量百分表读数/0.01 mm			测力计读数	压强 /MPa
		1	2	平均		
加载记录	0					
	0.5					
	1.0					
	1.5					
	2.0					
	2.5					
	3.0					
	4.0					

现场 CBR 计算	贯入断面面积： cm²
	相当于贯入量 2.5 mm 时的荷载压强:标准压强 =7 MPa CBR$_{2.5}$ = (%)
	相当于贯入量 5.0 mm 时的荷载压强:标准压强 =10.5 MPa CBR$_5$ = (%)
	实验结果现场 CBR = (%)

含水量计算		湿土重/g	干土重/g	水重/g	含水量/%	平均含水量 /%
	1					
	2					

密度计算		试样湿重/g	试样土重/g	体积/cm³	干密度 /(g·cm⁻³)	平均干密度 /(g·cm⁻³)
	1					
	2					

第六章
结构实验

土木工程结构实验是建筑结构的计算方法验证及发展结构理论的重要手段,结构实验课是土木工程结构实验的重要组成部分,它是一门科学性、实践性和综合性很强的专业课。通过结构实验,进一步巩固和加深对建筑结构计算方法及理论的理解,培养综合运用所学知识,独立设计一般性工程结构实验的能力。使学生基本掌握常用加载设备、量测仪器仪表的基本原理、安装和使用方法,能正确进行实验数据的测读和处理(含误差分析),能独立拟订实验方案,完成规定的实验内容,写出合格的实验报告。

土木工程结构实验中必做的实验有钢筋混凝土简支梁受弯破坏实验、预应力混凝土空心板鉴定实验、简支钢桁架非破坏实验和钢筋混凝土短柱偏压破坏实验。

结构实验主要以学生操作为主,教师指导为辅。

第一节　必修实验

实验一　钢筋混凝土简支梁受弯破坏实验

一、实验目的

1. 掌握钢筋混凝土简支梁的强度及抗裂度的测定方法。

2. 学习常用仪器仪表的选用原则和使用方法。

3. 掌握实验量测数据的整理及分析方法。

4. 掌握适筋梁 3 个受力阶段的受力特征和破坏特性。加深对所学理论知识的理解,培养学生实验研究的能力。

二、试件、实验仪器设备

1. 试件为一普通钢筋混凝土简支梁,混凝土强度设计等级为 C25。截面尺寸及配筋如图 6.1 所示。梁底部受力主筋为 HRB335 级钢筋,其余为 HPB235 级钢筋。

2. 加荷设备:承重反力架及分配梁等,20 吨级油压千斤顶。

3. 量测仪器:电阻应变片及静态电阻应变仪、百分表及表架、力传感器及测力显示器、裂缝测宽仪、钢筋扫描仪、钢卷尺及其他常用工具等。

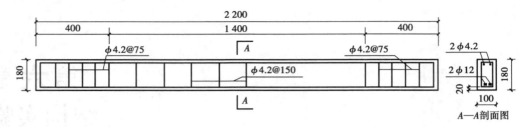

图 6.1　钢筋混凝土简支梁截面尺寸及配筋图

三、实验方案

为研究钢筋混凝土梁的受力性能,主要测定其承载力、抗裂度及各级荷载下的挠度和裂缝开展情况,测试纯弯段应变沿截面高度的分布规律。

实验采用两点加载,由分配梁实现,实验加载装置如图 6.2 所示。

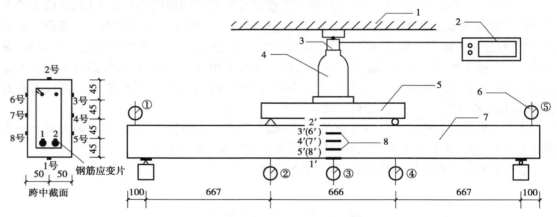

图 6.2　实验加载装置和测点布置图(单位:mm)

1—反力架;2—测力显示器;3—压力传感器;4—千斤顶;

5—分配梁;6—百分表;7—试件;8—电阻应变片

跨中纯弯区段混凝土表面布置电阻应变片 8 个,梁内受拉主筋上布置电阻应变片 2 个,挠度测点 5 个。

正式实验前,根据实测截面尺寸和材料力学性能,得到梁的计算开裂荷载 P_{cr} 和计算极限荷载 P_u,作为加载的控制荷载。

裂缝的发生和发展用肉眼和放大镜观察,裂缝宽度用读数显微镜测量,每级荷载下的裂缝发展情况应在构件上绘出,并注明荷载级别和相应的裂缝宽度值。当试件接近破坏时,注意观察试件的破坏特征并确定出破坏荷载值。

试件的实际开裂荷载和破坏荷载应包括试件自重、千斤顶、分配梁等加荷设备质量。

四、实验步骤

1.按照图 6.2 所示的实验加载装置和测点布置图贴好应变片,作好防潮防水处理;安装好加载装置;引出导线接应变仪;装好百分表;并检查有无初始干缩裂缝等。

2.用卷尺测量实验梁的实际尺寸,测量钢筋和混凝土的实际材料力学性能,用钢筋扫描仪测试钢筋的保护层厚度,并记入实验报告中。

3.进行预载实验,预载值必须小于构件的开裂荷载值,测取读数,观察实验加载装置和仪表是否工作正常并及时排除故障。之后卸载到零,仪表重新读取初读数或调零。

4.正式实验。荷载从零分级加载至计算开裂荷载 P_{cr},如仍未开裂,再稍加荷载,直到裂缝出现,记下实际开裂荷载值 P_{cr}^0,自重及分配梁等应作为第一级荷载值,每加一级荷载,持荷 5 min后读数。读数记入原始记录表中。

5.实验梁开裂后分级加载至计算破坏荷载 P_u。试件接近破坏前,拆除百分表。如加至 P_u 时试件仍不破坏,再酌量加载至破坏。当裂缝宽度达到 1.5 mm 时、钢筋应力达到屈服点或受压混凝土压碎,构件达到破坏状态。破坏时,仔细观察梁的破坏特征,观察时应特别注意安全,并记下实际破坏荷载 P_u^0。

6.开裂后每级荷载下的裂缝发展情况应在构件上绘出,并注明荷载大小和相应的裂缝宽度值。

五、实验结果的整理、分析及实验报告

1.测出如下数据

①试件的构造情况:梁的实际计算跨度 l、宽度 b、高度 h、保护层厚度 c、箍筋间距及配筋率情况等。

②试件材料的力学性能:钢筋和混凝土的实测强度 f_y、f_u、f_{cu}、f_c 和 f_t,钢筋和混凝土的弹性模量 E_s 和 E_c。

③试件的制作和养护特点及龄期和外观特征等。

2.计算出如下数据

根据实测截面尺寸和材料力学性能得到梁的开裂荷载计算值 P_{cr} 和极限荷载计算值 P_u。

3.绘制下列实验曲线

①荷载与梁底部(1 号点)混凝土应变、荷载与梁顶部(2 号点)混凝土应变的关系曲线(P-ε 关系曲线)。

②荷载与受拉钢筋平均应变的关系曲线(P-ε 关系曲线)。

③跨中平均混凝土应变沿截面高度的分布曲线(弹性阶段、屈服阶段)。

④荷载与跨中挠度的关系曲线(P-f 关系曲线)。

⑤绘制简支梁各级荷载的挠度变形曲线。

4.绘出实验荷载下的裂缝开展图

5.实验结果分析

①将实测的开裂荷载 P_{cr}^0、破坏荷载 P_u^0 与计算值 P_{cr} 和 P_u 进行比较,并分析其差异的原因。

②将简支梁最终破坏形态照片贴在下方,并对实验梁的破坏形态和破坏特征作出评述。

实验二　预应力混凝土空心板鉴定实验

一、实验目的

1.学习预应力混凝土受弯构件产品鉴定性实验的基本原理和方法。

2.通过测定预应力混凝土空心板的承载力、挠度及裂缝开展情况,对其结构受力性能进行评价。

二、实验对象及仪器设备

1. 检验构件：冷拔低碳钢丝预应力空心板（YKB3051），如图6.3所示。具体数据查中南地区建筑标准图集（03ZG401）得板的自重标准值为1.83 kN/m²（不包括灌缝重）。

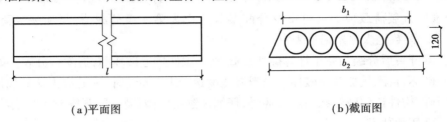

（a）平面图　　　　　　　　　　　　　　（b）截面图

图6.3　预应力混凝土空心板构造图

2. 加载设备：铸铁砝码。

3. 测量设备：百分表、磁性表座、电阻应变片、静态电阻应变仪等。

三、结构性能检验各项要求

1. 构件挠度检验要求

$$a_s^0 \leqslant [a_s]$$

式中　a_s^0——在正常使用荷载标准值检验值 Q_s 作用下构件跨中的短期挠度实测值，mm，Q_s 值见表6.1；

　　　$[a_s]$——构件短期挠度允许值，mm，见表6.1。

2. 构件的抗裂检验要求

$$\gamma_{cr}^0 = \frac{Q_{cr}^0 + G_{k1}}{Q_s} \geqslant [\gamma_{cr}]$$

式中　γ_{cr}^0——板的抗裂检验系数实测值；

　　　Q_{cr}^0——板出现裂缝时的外加荷载，kN/m²；

　　　G_{k1}——板自重标准值，kN/m²；

　　　$[\gamma_{cr}]$——构件的抗裂检验系数的允许值，见表6.1。

3. 承载力检验要求

板达到极限承载状态时，其承载力检验系数实测值 γ_u^0 应符合下列要求。

$$\gamma_u^0 = \frac{Q_u + G_{k1}}{Q_d} \geqslant [\gamma_u]$$

式中　Q_u——达到承载力极限状态时的外加荷载，kN/m²；

　　　Q_d——承载力检验荷载设计值，见表6.1，其数值已包含板的自重；

　　　$[\gamma_u]$——承载力检验系数允许值，取值如下：

　　　　　　①当裂缝宽度超过1.5 mm或挠度达到跨度的1/50　　　　　1.35

　　　　　　②受压区混凝土破坏　　　　　　　　　　　　　　　　　1.45

　　　　　　③受拉主筋拉断　　　　　　　　　　　　　　　　　　　1.50

　　　　　　④斜裂缝宽达1.5 mm或斜裂缝末端混凝土剪压破坏　　　1.40

　　　　　　⑤斜截面混凝土斜压破坏或受拉主筋端部滑移超过0.2 mm　1.55

四、实验方案

预应力混凝土简支板属基本承重构件，多采用正位实验，实验时一端采用固定铰支座，另一端采用滚动铰支座，并在钢垫与支墩及构件之间用水泥砂浆找平。

实验板承受均布荷载,故采用砝码分级加载。砝码应按区格成垛堆放,以免形成拱作用,本实验将板面分为 8 个区段。

在板跨中两侧装上百分表,以便测读最大挠度;在支座处装上百分表以便测读支座沉陷;在板跨中两侧底部各贴一片应变片,以便测读开裂荷载。

在观测项目中,主要测定构件的开裂荷载、破坏荷载、各级荷载下的挠度及裂缝开展情况。实验装置如图 6.4 所示。

实验前计算出标准荷载检验值 Q_s 对应的外加荷载 P_s^0;计算出板满足抗裂检验要求的最小外加开裂荷载 P_{cr}^{min};计算出板满足承载力检验要求的最小外加破坏荷载 P_u^{min};实验采用分级加载,每级施加荷载 2 kN(8 个 25 kg 的砝码)。

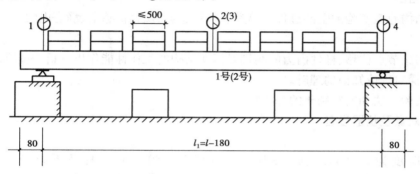

图 6.4 预应力空心板鉴定实验装置图(单位:mm)

五、实验步骤

1. 按图 6.4 的实验装置图安装试件和设备,粘贴应变片及连接导线。

2. 用标准砝码预加 1 级均布荷载,注意观察仪表工作是否正常,然后卸去荷载,排除故障,仪表重新调零或记录初读数。

3. 正式加载实验。每级荷载停留 5 min 后读取荷载、挠度及应变值,记入数据原始记录表中。

4. 当裂缝宽度超过 1.5 mm 或挠度超过 1/50 跨度(承载力检验标志①),或受压区混凝土破坏(标志②),或受力主筋拉断(标志③),或斜裂缝宽达 1.5 mm 或斜裂缝末端混凝土剪压破坏(标志④),或斜截面混凝土斜压破坏或受拉主筋端部滑移超过 0.2 mm(标志⑤),即认为构件达到承载力极限状态。

六、实验报告

1. 把原始记录中的挠度和应变数据整理后填入表 6.1。

表 6.1 中南标(03ZG401)预应力混凝土空心板荷载检验表

板型号	配筋根数	钢筋直径	正常使用极限状态检验			承载力检验荷载设计值 $Q_d/(kN \cdot m^{-2})$
			标准荷载检验值 $Q_s/(kN \cdot m^{-2})$	$[\gamma_{cr}]$	$[a_s]$ /mm	
YKB3051	7	5	6.17	1.26	5.99	8.05

注:1. 标准荷载检验值 Q_s,承载力检验荷载设计值 Q_d 均包括板自重。

2. 构件短期挠度允许值 $[a_s]$ 包括板自重产生的挠度。

2.根据整理的数据,绘制各级荷载下预空板跨中截面荷载-挠度关系曲线(P-f)及荷载-应变关系曲线(P-ε)。

3.判定预空板出现裂缝时的外加荷载Q_{cr}和达到承载力极限状态时的外加荷载Q_u。

4.计算出γ_u^0,a_s^0和γ_{cr}^0。

5.对构件性能进行评定。

实验三 简支钢桁架非破坏实验

一、实验目的

1.熟悉结构静载实验的全部过程。熟悉测力传感器、位移传感器、静态电阻应变仪的配套使用方法。

2.通过桁架节点位移、杆件内力的测量对桁架结构的工作性能作出分析,并验证理论计算的正确性,加深对理论知识的理解。

3.学习实验方法和实验结果的分析整理。

二、实验对象及仪器设备

1.试件

钢桁架,跨度为3.0 m,上弦采用等边角钢$2 \llcorner 80 \times 6$,腹杆及下弦采用等边角钢$2 \llcorner 50 \times 5$,节点板厚为4 mm,$E_s = 2.1 \times 10^5$ MPa。测点布置如图6.5所示。

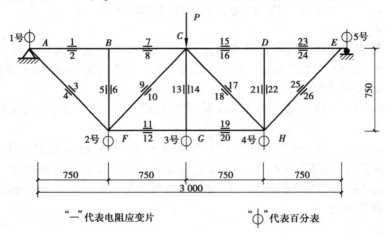

图6.5 实验桁架杆件测点布置图

2.加载设备

反力架、油压千斤顶。

3.测量仪器

百分表、磁性表座、电阻应变片、静态电阻应变仪和测力传感器。

三、实验方案

1.实验装置如图6.6所示。桁架一端采用固定铰支座,另一端采用滚动铰支座,并在跨中上弦节点C点处安装加载设备,施加荷载,利用测力传感器测量荷载的大小。

2.在桁架下弦各节点。F,G,H点处安装百分表,测量各节点的挠度,在上弦节点A,E点

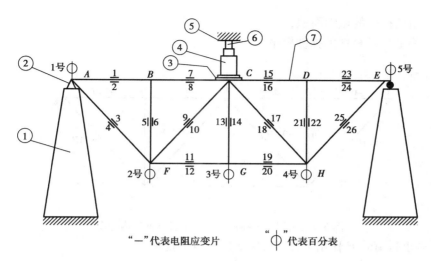

"—"代表电阻应变片　　　　"ф"代表百分表

图 6.6　实验装置图
①—钢支墩;②—支座;③—钢垫板;④—油压千斤顶
⑤—反力架横梁;⑥—测力传感器;⑦—桁架

处安装百分表测量支座在各级载荷下的竖向位移,由此可得到钢桁架受载后,消除支座位移的挠度。

3.用电阻应变片测量桁架各杆件的应变,杆件应变测量点均设置在每一杆件的中间区段,电阻应变片均粘贴在截面的重心线上。具体位置及编号如图 6.5 所示。在弹性范围内,应变乘以弹性模量 E_s 便得到应力。

四、实验步骤

1.按照图 6.6 所示的实验装置图安装好加载和测量设备。电阻应变片已预先贴好,检查电阻值和连接导线。

2.对桁架进行预载实验。加荷载 $P = 20$ kN,熟悉各种仪表的测读,并检查装置、试件、仪表等是否正常工作,然后卸载,把发现的问题及时排除。确认无问题后,所有仪表重新记录初读数或调零,做好记录的准备。

3.正式实验。采用油压千斤顶加载,加载点的最大荷载为 $P = 120$ kN,分 6 级加载,每级 20 kN,满载后分两级卸载至零。每次加载后停歇 5 min 后读取荷载、挠度和应变值,记入原始数据记录表中。

五、理论计算

1.桁架杆件的内力计算

桁架在实际荷载作用下各杆件的内力如图 6.7 所示。

2.桁架下弦节点的挠度计算

计算公式:

$$f_1 = \sum \frac{N_p \overline{N} L}{EA}$$

式中　N_p——结构(桁架杆件)在荷载作用下所产生的内力;

　　　$\overline{N}$——结构(桁架杆件)在单位荷载作用下产生的内力,如图 6.8 所示;

　　　L——桁架杆件的长度;

A——桁架杆件的截面面积；

E——桁架杆件材料的弹性模量。

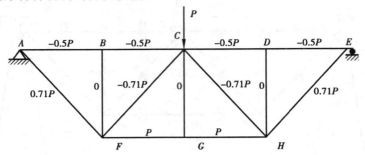

图6.7 桁架在实际荷载作用下各杆件的内力图

由此可以求得荷载 P 作用下，F 点、G 点和 H 点的挠度。

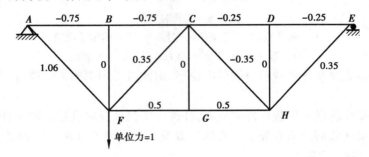

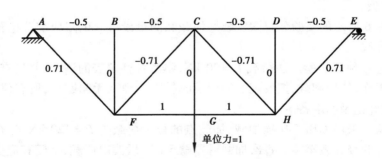

图6.8 单位力作用下桁架内力图

六、实验结果的整理、分析和实验报告

1.数据整理

把原始记录表中的挠度和应变数据整理后填入相应表格中。

2.桁架下弦节点挠度的整理与分析

（1）桁架满荷载时，比较下弦各节点挠度实测值与理论值（考虑支座刚性位移的影响修正）。并绘制满荷载作用下，桁架下弦的实测与理论挠度曲线。

（2）绘制桁架下弦节点 F,G,H 的实测与理论的荷载-挠度曲线（P-f）。

3.桁架杆件的内力分析

对桁架各杆件在各级荷载作用下的内力实测值与理论值进行比较。

实验四　钢筋混凝土短柱偏压破坏实验

一、实验目的

（1）通过实验初步掌握矩形截面柱静载实验的一般方法。

（2）观察偏心受压柱的整个破坏过程及其破坏特征。

（3）通过实验了解偏心受压构件理论计算的依据和分析方法，观察偏心受压柱的破坏特征及强度变化规律，进一步增强对钢筋混凝土构件实验的研究和分析能力，加强学生对理论知识的理解。

二、实验对象及仪器设备

1.试件

矩形截面钢筋混凝土短柱，混凝土设计强度为C25，钢筋为Ⅰ级，具体尺寸和配筋如图6.9所示。

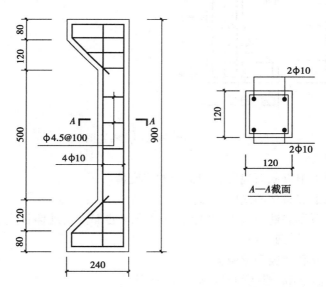

图6.9　实验构件尺寸及配筋图

2.加载设备

5 000 kN 长柱式压力实验机。

3.测量仪器

电阻应变片、静态电阻应变仪、数显位移计、读数显微镜和放大镜等。

三、实验方案

采用正位实验方法，在5 000 kN 长柱实验机上进行加载实验。

两端支座构造装置是柱子实验中的重要环节，本实验采用单刀铰支座。

柱子加载按计算破坏荷载的1/10 分级施加，接近开裂荷载或破坏荷载时，加载值减至1/2原分级值。

在柱子的中央截面混凝土受拉面及受压面各布置两个应变测点。在纵向受力钢筋中部各布置一个应变测点，如图6.10所示。

在柱背面布置 5 个位移计,用来测量短柱的侧向位移。具体位置如图 6.10 所示。偏心距 $e_0 = 45$ mm。

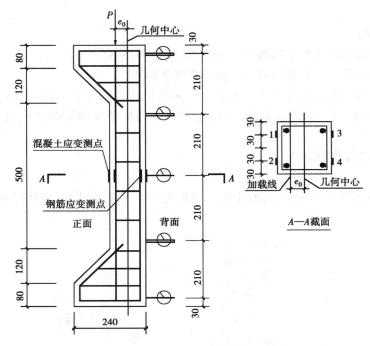

图 6.10　实验装置与测点布置图

测试的主要内容有:

①测定每级荷载下中央截面混凝土和钢筋的应变值。

②测定每级荷载下实验柱的侧向位移值。

③用放大镜仔细观察裂缝的出现,并标记裂缝出现的部位及延伸长度。用读数显微镜测定主要裂缝的宽度,并作详细记录。

④测定柱的开裂荷载及极限承载力。

⑤试件破坏后,绘制偏心受压短柱的破坏形态图。

四、实验步骤

1. 实验前准备

对混凝土和钢筋做材性实验。根据实测的材料力学性能计算出预计的开裂荷载 P_{cr}^0 和破坏荷载 P_u^0。

2. 试件就位

①试件就位之前,将混凝土应变测点表面清理干净,粘贴好应变片并用导线引出。

②试件就位及几何对中后,将加载点移至偏心距处,偏心距 $e_0 = 45$ mm。加适量的初载,固定好试件,并安装好位移计。

3. 加载

①预加载实验,预载值应不超过开裂荷载值,并调试仪表。

②加初载,各仪表调零或读取初读数。本实验初载 5 kN,荷载分级 20 kN,每加一级荷载,持荷 5 min 后,测读各测点的读数,直至破坏。同时注意观测裂缝、观察和记录试件的破坏过

程和破坏特征。

五、实验结果的整理、分析和实验报告

（1）记录钢筋及混凝土的材性指标，并计算出预计的开裂荷载 P_{cr}^0 和破坏荷载 P_u^0。

（2）把原始记录表中的挠度和应变数据整理后填入相应表格中。

（3）根据实验整理的数据，计算各级荷载下，靠近纵向力一侧（正面）受力钢筋及混凝土应变平均值和离纵向力较远一侧（背面）受力钢筋及混凝土应变平均值，并绘出荷载-混凝土平均应变关系曲线、荷载-钢筋平均应变关系曲线。

（4）绘出偏心受压构件的破坏形态展开图。

（5）根据位移实测数据，绘制短柱实测的 $P\text{-}f$（中截面侧向位移）曲线，绘制短柱各级荷载的挠度变形曲线。

（6）判定出实际的开裂荷载 P_{cr} 和极限荷载 P_u。并与预计的开裂荷载 P_{cr}^0 和破坏荷载 P_u^0 对比。

六、思考题

（1）偏心受压构件的破坏现象与哪些情况有关？

（2）大、小偏心受压构件破坏形式有何特点？

第二节　选修实验

实验一　回弹法及超声回弹综合法测混凝土强度实验

一、实验目的

（1）学习和掌握混凝土回弹仪的使用方法。

（2）学习和掌握非金属超声波检测仪的使用方法。

（3）学习和掌握混凝土碳化深度的测量方法。

（4）掌握回弹法及超声回弹综合法检测和推定混凝土强度的方法。

（5）掌握压力实验机检测混凝土试块强度的方法。

二、实验对象及仪器设备

1.试件

150 mm×150 mm×150 mm 的标准立方体试块一组（3 个试件）。

2.测试仪器

非金属超声波检测仪、换能器、中型混凝土回弹仪、压力实验机和游标卡尺。

三、实验原理

混凝土强度 f_{cu} 与超声波在其中传播的速度 v 具有一定的相关性，混凝土强度 f_{cu} 越高，其速度 v 就越大。超声波检测仪的工作原理如图 6.11 所示。

混凝土回弹值 R 越大，表明混凝土表面的硬度越大。混凝土表面的硬度与混凝土强度之间存在相应关系，通常情况下，混凝土表面硬度越大，混凝土强度越高。因此，通过测量混凝土表面的硬度可间接推定混凝土强度值。

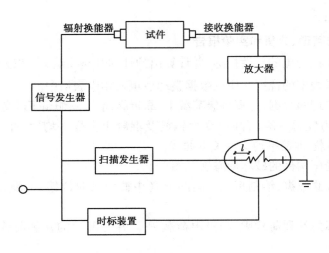

图 6.11　超声波检测仪的工作原理

由于回弹法是根据混凝土表面硬度推定其强度值,只能反映混凝土表面质量,当混凝土碳化深度较大时,实测出的是碳化后混凝土表面硬度情况,对混凝土内部情况很难确定。而超声波可穿过混凝土内部,其纵波波速与混凝土强度有较好的相关性,受碳化深度影响不大,但是单独应用时由于影响因素较多,测试精度较差。采用两种方法综合测试时,可以互相校正,消除一些不利因素的影响,提高测试精度。

四、实验步骤

1. 整理试件

将被测试件 4 个浇筑侧面上的尘土、污物等擦拭干净。

2. 在试件测试面上标示超声测点

取试块浇筑方向的一个侧面为测试面,在测试面上画出相对应的 3 个测点(图 6.12)。

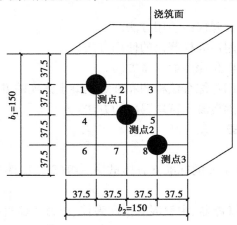

图 6.12　测点布置图(单位:mm)

3. 测量回弹值

先将试件超声测试面的耦合剂擦拭干净,然后置于压力机上下承压板之间,使另一对侧面朝向便于回弹测试的方向,最后加压至 30～50 kN 并保持此压力。回弹测试时,应始终保持回弹仪的轴线垂直于混凝土测试面,分别在试件两个相对侧面上各测 8 点回弹值(共 16 个测点），精确至 1。回弹测点具体位置如图 6.12 所示。剔除 3 个最大值和 3 个最小值，取余下 10 个有效回弹值的平均值作为该试件的回弹代表值 R，计算精确至 0.1。

4．测量试件的超声测距

采用游标卡尺或钢卷尺，在超声测试面的两侧边缘处逐点测量两测试面的垂直距离，精确至 1 mm，作为测点的超声测距值 l_1, l_2, l_3。

5．测量试件的声时值

换能器直接耦合，校核仪器的声时初度数 t_0，精确至 0.1 μs。在试件两个测试面的对应测点位置涂抹耦合剂，将一对发射和接收换能器耦合在对应测点上，并始终保持两个换能器的轴线在同一直线上。逐点测读声时读数 t_1, t_2, t_3，精确至 0.1 μs。

6．计算声速值

分别计算 3 个测点的声速值 v，取 3 个测点声速的平均值作为该试件混凝土中声速代表值 v，即

$$v = \frac{1}{3} \sum_{i=1}^{3} \frac{l_i}{t_i - t_0}$$

式中　v——试件混凝土中声速代表值，km/s，精确至 0.01 km/s；

　　　l_i——第 i 个测点超声测距，mm，精确至 1 mm；

　　　t_i——第 i 个测点混凝土中声时读数，μs，精确至 0.1 μs；

　　　t_0——声时初读数，μs。

7．抗压强度实验

回弹值及超声速度值测试完毕后，用游标卡尺测量回弹面的尺寸，精确至 1 mm。将回弹测试面放置在压力机承压板正中，按现行国家标准《普通混凝土力学性能试验方法标准》（GB/T 50081—2016）的规定速度连续均匀加荷至破坏（当混凝土的强度等级低于 C30 时，加荷速度应为 0.3 ~ 0.5 MPa/s）。计算抗压强度实测值 f_{cu}，精确至 0.1 MPa。

8．碳化深度的测量。采用浓度为 1% ~ 3% 的酚酞酒精溶液滴在破裂的混凝土试块上，当已碳化与未碳化界线清楚时，再用深度测量工具测量已碳化与未碳化混凝土交界面到混凝土表面的垂直距离，测量不应少于 3 次，取其平均值。每次读数精度精确至 0.5 mm。

五、实验报告要求

1．按要求填写超声检测、回弹检测和压力实验的原始记录，计算平均声速 v 和平均回弹值 R。

2．根据平均声速 v、平均回弹值 R 及碳化深度值，推定混凝土的强度。

根据《回弹法检测混凝土抗压强度技术规程》（JGJ/T 23—2011）推定混凝土的抗压强度。

《超声回弹综合法检测混凝土强度技术规程》（CECS 02—2005）规定：混凝土的强度优先采用专用测强曲线或地区测强曲线换算而得。当无专用和地区测强曲线时，规程中的附录 D 通过验证后，可按下列全国统一测区混凝土抗压强度换算公式计算。

（1）当粗骨料为卵石时：

$$f_{cu}^{c} = 0.005\, 6v^{1.439}R^{1.769}$$

（2）当粗骨料为碎石时：

$$f_{cu}^{c} = 0.016\, 2v^{1.656}R^{1.410}$$

式中　f_{cu}^{c}——试块的混凝土抗压强度换算值；

　　　v——混凝土中声速代表值；

R——回弹代表值。

3. 把回弹法测得的混凝土强度、超声回弹综合法测得的混凝土强度、压力机实际测得的强度进行对比,比较三者的区别并分析原因。

4. 实验总结和体会。

实验二　悬臂等强度钢梁的静动力特性实验

一、实验目的

1. 学习动态测试系统的组成、联机和实验原理。

2. 了解等强度梁的静动力特性。

3. 了解动应变测试原理及设备,了解动应变及动位移的测试方法。

4. 掌握用自由振动法测定结构动力特性的原理和方法。

5. 加深对课堂所学理论知识的理解,培养实验研究动手能力及结构计算分析能力。

二、实验对象及仪器设备

1. 试件

等强度钢悬臂梁。

2. 加载设备及测试仪器

标准砝码、电阻应变片、静态电阻应变仪、位移计、钢尺和游标卡尺等。

3. 动态应变仪,DASP 数据采集系统,动位移计。

三、实验方案

在等强度悬臂梁上粘贴电阻应变片,如图 6.13 所示。并安装位移计,然后在等强度梁端施加砝码,测量其在不同截面的应变及梁端挠度值。采用初位移法测试不同质量砝码作用下等强度钢梁联合体的自振频率,实验概貌图如图 6.14 所示。

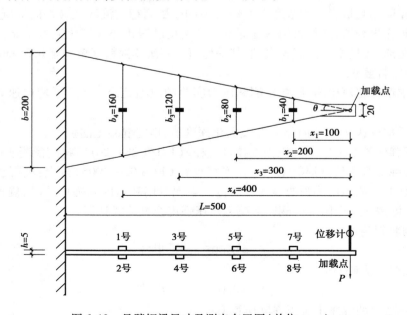

图 6.13　悬臂钢梁尺寸及测点布置图(单位:mm)

图 6.14 悬臂等强度钢梁的静动力特性实验概貌图

四、实验步骤

（一）静力测试

1.用游标卡尺及钢尺量测等强度悬臂钢梁的几何尺寸（包括总长 L、根部宽度 b、平均厚度 h 等），如图 6.13 所示，每个数据测 3 次，取其平均值作为几何尺寸。

2.按"电阻应变片粘贴技术"要求粘贴好应变片，引出导线。在梁端加载点处安装好位移计。

3.在梁端逐级施加砝码（每级加 50 N）。量测悬臂梁在相应荷载作用下各相应点的应变值和挠度值，共加三级载荷，即 50,100,150 N。

4.加、卸载两次（即重复步骤 3 共两次），得到两组读数值，取其平均值作为该梁在相应荷载下的应变值和挠度值。

（二）动力测试

1.把应变片与动态应变仪连接，梁端点安装动态位移计并与动态应变仪连接，动态应变仪与 DASP 数据采集系统连接。

2.梁端加载至 50 N 后，突然卸载，让钢梁产生自由振动。从数据采集系统前端显示器中，可采集到自由振动信号（动应变、动位移、加速度）。把自由振动信号存盘。再分别测试 100 N 及 150 N 作用下钢梁的自由振动信号。最终打印出自由振动时程曲线及自谱曲线。

五、实验结果的整理、分析

1.整理实验数据。

2.算出梁截面 x_1,x_2,x_3,x_4 的应力及加载点（悬臂端）的挠度。

x 截面应力计算公式

$$|\sigma_x| = \frac{M}{W} = \frac{6P \cdot x_1}{b_1 h^2} = \frac{6P \cdot x_2}{b_2 h^2} = \frac{6P \cdot x_3}{b_3 h^2} = \frac{6P \cdot x_4}{b_4 h^2} = \frac{6P}{2\tan\theta \cdot h^2} = \frac{6PL}{b \cdot h^2}$$

$$\sigma_x = E\varepsilon_x$$

悬臂端挠度

$$f_0 = \frac{PL^3}{2EI_0}$$

式中 E——弹性模量；

I_0——固定端的惯性距，$I_0 = \dfrac{bh^3}{12}$。

六、实验报告要求

1. 记录几何尺寸的测量值。

2. 算出梁截面 x_1, x_2, x_3, x_4 的应力及加载点(悬臂端)的挠度。

3. 根据实验数据，比较应力及挠度实测值与理论计算值。

4. 通过自由振动时程曲线及自谱曲线，从中得出该梁的自由振动频率。

实验三　直线连续箱梁模型实验

一、实验目的

1. 研究均布荷载作用下箱梁各控制截面应力应变横向分布规律。

2. 研究在均布荷载作用下的剪力滞效应问题。

3. 加深对课堂所学理论知识的理解，培养实验研究动手能力及结构计算分析能力。

二、实验设备及仪器

1. 直线两跨连续箱梁模型，具体尺寸如图 6.15 所示。

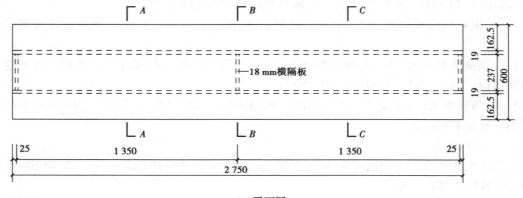

(a)平面图

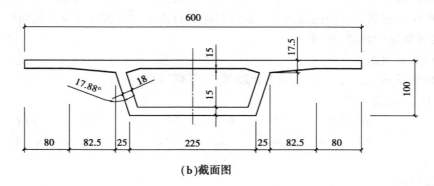

(b)截面图

图 6.15　模型具体尺寸

2. 仪器设备:橡胶支座垫块、加载用标准砝码、电阻应变片、静态电阻应变仪、位移计 10 个、力传感器、称重显示器。

三、实验方案

在每个横隔板处用橡胶支座垫块支撑,得到两跨连续箱梁。每个橡胶支座处都布置力传感器以便测得支座反力。为了研究均布荷载下箱梁各截面应力应变横向分布规律和剪力滞效应。通过实验测定荷载作用下结构的应变和挠度变化。

利用 5 kg 和 10 kg 标准砝码施加均布荷载。分 4 级加载:前两级每级加 12 个 5 kg 砝码,后两级每级加 6 个 10 kg 砝码。最大荷载为 480 kg。

在模型两跨跨中截面(A—A 和 C—C)均匀安装位移计及粘贴应变片(图 6.16),在中支座截面(B—B)安装位移计及粘贴应变片(图 6.17)。在端支座处安装位移计测量支座沉降。

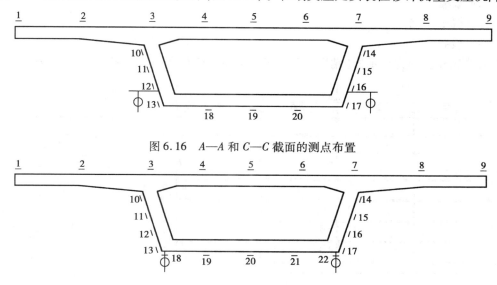

图 6.16　A—A 和 C—C 截面的测点布置

图 6.17　B—B 截面的测点布置

四、实验步骤

1. 模型准备。连续直线箱梁有机玻璃模型已经预先制作好,应变片也已贴好。
2. 安装模型,安装力传感器、位移计等仪器,连接应变片的导线。
3. 在箱梁顶部板上对称地施加均布荷载。每加一级荷载,持荷 5 min,测读支座反力及各测点的应变和位移数据,加载到最大荷载后分两级卸载。

五、实验报告要求

1. 对原始的位移、应变和支座反力数据进行整理。
2. 绘出各级荷载下各截面的应变横向分布曲线。
3. 绘出箱梁腹板应变沿截面高度的分布曲线。
4. 绘出各级荷载作用下挠度分布曲线(挠度值取平均挠度值)。
5. 分析顶板和底板的剪力滞效应分布规律。
6. 实验总结和体会。

实验四　T 形梁桥荷载横向分布实验

一、实验目的

1. 了解有、无中横隔板时 T 形梁的荷载横向分布变化规律。

2. 加深对课堂所学理论知识的理解,初步培养实验研究动手能力及结构计算分析能力。

3. 掌握实验量测数据的整理、分析方法。

二、实验模型及仪器设备

1. T形梁桥

试件为 2 个 T 形梁桥有机玻璃模型,其中一个无中横隔板,另一个有中横隔板,模型比例均为 1:20。模型由 5 片 T 梁肋组成,如图 6.18 和图 6.19 所示,每个模型 T 梁跨中底面贴电阻应变片,每个模型 T 梁跨中底部布置位移计。

2. 加荷设备

杠杆、砝码、吊篮。

3. 测量设备

压力传感器及测力显示器(精度 1 N)、静态电阻应变片及静态电阻应变仪、位移计。

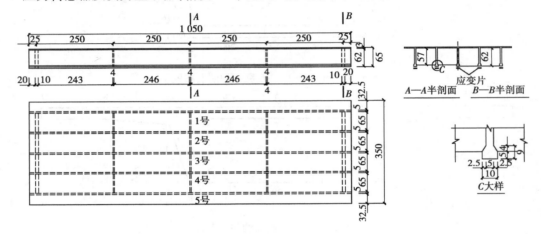

图 6.18　有中横隔板 T 形梁实验模型(单位: mm)

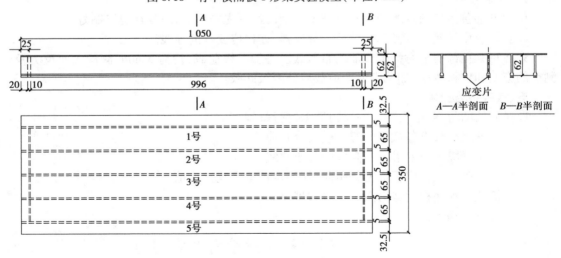

图 6.19　无中横隔板 T 形梁实验模型(单位: mm)

三、实验方案

为了研究中横隔板对 T 形梁桥荷载横向分布的影响,通过实验测定荷载作用下结构的应变和挠度变化。利用杠杆原理施加集中荷载,加载装置为自行设计加工的钢结构,加载钢管位置可任意移动,加载点位置安装拉压力传感器,可对 T 形梁任意位置施加集中荷载。加载装置如图 6.20 和图 6.21 所示。

图 6.20　实验加载装置实物图

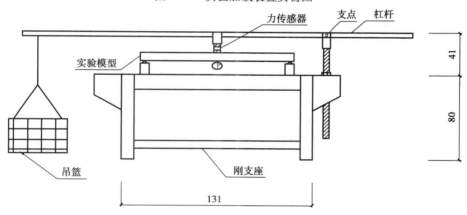

图 6.21　实验加载装置示意图(单位:cm)

实验模型按简支梁受集中荷载作用考虑,模型支座位置施加约束,对其位移约束,但可发生转动。在模型各梁肋跨中位置安装百分表测量挠度变化,各梁肋跨中截面底面粘贴电阻应变片测量纵向应变。按对称性每个实验模型按 3 种工况加载,即集中荷载分别作用在跨中截面 3 号梁、2 号梁和 1 号梁位置。吊篮中用标准砝码分 5 级加载,每级加 2 kg,最大外加砝码总重为 10 kg。

四、实验步骤

1.检查试件和实验装置,安装位移计,电阻应变片已预先贴好,只需检查电阻值和接线测量。

2.首先对结构进行预载实验,先加一级荷载,检查装置、试件、仪表,看其是否正常工作,然后卸载,把发现的问题及时排除。确认无问题后,进行正式实验。

3.所有仪表重新记录初读数或调零,做好记录的准备。

4. 正式实验。用杠杆加载设备缓慢加载,每加一级荷载,持荷 5 min 后,测读各测点的读数,加载到最大荷载后分两级卸载。接着完成其他两个工况的加载。

五、实验报告要求

1. 对原始的位移及应变数据进行整理。

2. 根据整理的数据绘出两种 T 形梁桥的下列曲线。

①每种工况下每级荷载下 T 形梁的竖向挠度的横向分布曲线。

②每种工况下每级荷载下 T 形梁的应变的横向分布曲线。

3. 根据实验结果,对比有无中横隔板对 T 形梁荷载横向分布的影响规律。

4. 实验总结和体会。

第七章
实验抽样与数据分析

工程实验通常包括取样、测试、实验数据的整理、运算与分析等技术问题。关于实验测试在前面几章已经作了详细论述,本章以建筑材料为例,介绍工程实验的抽样及处理方法、实验结果的影响及因素以及实验数据的分析与处理。

第一节　抽样及处理

抽样检验就是通过一个样本来判断总体是否合格。选取试样是建筑材料检验的第一个环节,抽样方法的正确与否直接关系到所检验材料的整体结果,必须制订出一个抽样方案。同时,通过检验还要制订出判定其指标的验收标准,这样才能使取样方法具有较高的科学性和代表性。为此,它应考虑的内容如下:

一、批量的划分

需要检验的一批产品中所包含的单位产品的总量,即为批量。批量的划分首先考虑的是生产的基本条件必须一致,这样样本的分布才会有比较明确的规律性,用从样本中得到的样本信息来估计整批材料的质量才比较可靠。其次要考虑,每一批数量,因为批量过大,一旦出现样本强度通不过验收标准,就会增加进一步处理的工作量,但批量过小,样本的容量也相应减小,对总体质量的判断容易产生失误。因此批量的大小,对实际应用及验收的科学性都会产生极大的影响。例如,钢筋取样要求:钢筋应按批进行检查和验收,每批质量不大于60 t,每批由同一牌号、同一炉号、同一规格、同一交货状态的钢筋组成。既考虑了生产的基本条件,又恰当地确定了批量的数量。

二、抽样的规则

样本原则上应以同一批量中随机抽取,由于检验目的不同,不同材料的取样规则也不同,但为了使取样更具有科学性、公正性和代表性,取样规则确定的过程中也包含着多方面内容。

（一）取样地点

为了防止材料在运输前及过程中质量下降,取样地点的确定,是保证材料具有真实质量的关键所在。例如我们所应用的材料,一般规定在施工现场进行取样。如钢材要求进场后取样,而混凝土于浇注地点取样。

（二）样品的保存条件

由于要求不同，反映的情况不同，样品的保存条件也存在着差异。如混凝土制作的试件，其养护条件有标准养护和同条件养护。而此条件的不同也使混凝土试件强度增长存在差异，测试的结果会因此不同。

（三）时间的确定

很多材料的性能随着时间的变化而改变。因此测定的时间不同，所获得的信息结果也会有很大差异。如混凝土，其强度测试龄期，分别有 3 天、7 天、28 天或后期的 90 天、一年等，但其所反映的信息也存在很大差异。

（四）取样的方法

取样方法应视材料而定，为了使取样具有代表性，能客观公正地反映材料的真实质量、取样的方法，既要具有随机性，还要有均匀性、科学性，这样才能保证样本全面、真实地反映材料的总体质量。如粗细骨料散粒状材料，取样时，粗骨料 400 m³ 为一批，取样自料堆的顶、中、底 3 个不同的高度处，在均匀分布的 5 个不同部位处，各取大致相等的试样一份，共取 15 份，取样时先将取样部位的表面铲除，于较深处铲取。实验铲取后，要将试样缩分，将取回实验室的试样倒于平整、洁净的拌板上，在自然状态下拌制均匀，然后用四分法缩取各项实验所需的材料数量。四分法缩取的步骤：将拌制试样摊成厚度约为 20 cm 的圆饼，于饼上划分十字线，将其分成大致相等的 4 份，除去其中对角的两份，将其余两份按照上述四分法缩取，如此继续进行，直到缩分后的试样质量略多于该项实验所需数量为止，另外还可用分料器进行缩分。其余材料取样参照实验规程。可以看到，只有这样才能全面反映材料质量的真实性。

（五）取样频率及样本容量

取样频率是指一批材料中所取样本的次数。样本容量是指组成样本的单位产品的个数，即取样组数。如混凝土强度每批即 100 盘或 100 m³ 取一次试样，或至少每个工作班，或每个现浇板取一次试样，以 3 个试块为一组，用 3 个试件的抗压强度平均值作为样本强度的统计数据。此目的在于减少实验误差，提供较可靠的样本信息。取样频率过大造成实验工作量加大；过小不能反映批量材料的均匀性。样本的容量不宜过小，否则对总体的质量判断容易失误。适当增大样本容量，虽然会增加取样和实验工作量，但由于减少了判断失误，可从其他方面获得效益。

（六）取样数量的多少决定了试样的科学性和代表性

取样数量多，代表性好，但会造成无谓的浪费和工作量加大。取样数量少，又不具有代表性并会使实验用量不足，因此合理的取样数量对试样的代表性和实验的完成起着非常大的作用。

第二节　实验影响因素

同一材料在不同的制作条件下或不同的实验条件下，会得出不同的实验结果，以力学实验为例，其主要的实验影响因素如下：

1. 仪器的选择

实验中仪器的选择对测出材料的大小和精度将产生很大的影响。仪器选择不当，会使测试的结果产生极大的误差,测试过程中,要求测试样品性能指标的大小要与仪器所能测试的量程范围相适应。同时,要求所测试样的精确度与实验仪器的精确度相对应。如砂子级配实验中,称取试样的质量为 500 g,称量精度为 0.5 g,故选用选量为 1 000 g、精确度为 0.5 g 的天平就能满足要求。而测试材料强度的实验中,对压力机测试范围的选择,根据试件荷载范围的大小,应使指针停在实验机度量盘的第二、第三象限内。

2. 试件尺寸

实验证明,在相同条件下,试件的尺寸越小测得的强度值越高,试件尺寸越大测得的强度值越小,这是由于大试件内存在的孔隙、裂缝和局部软弱等缺陷的概率大,试件受力时容易产生应力集中,故会使测试的强度指标较小,而小试件缺陷少,就不易产生应力集中,故测得的强度值就大,因此试件的尺寸制作要严格按标准要求,测试前应准确地测量出试件的尺寸。当采用非标准试件时应乘以尺寸效应系数来加以调整。

3. 试件的形状

试件的形状不同,其所测试的强度值也不同。棱柱体(高度 h 比横截面的边长 a 大的试件)试件要比立方体形状的试件测得的强度值小,这是因为试件受压面与实验机压板之间存在摩擦力,因压板刚度大,因此使试件受压时压板的横向应变小于混凝土的横向应变,因此摩擦力使试件的横向变形受到约束作用,这种约束作用称为"环箍效应"。同时环箍效应随着与压板距离的增大而逐渐减小,当其距压板的距离达到试件边长的 0.866 倍时,环箍效应就基本消失了。可见试件的 h/a 比越大,中间区受环箍效应的影响越小,且 h/a 越大越容易产生偏心受压,故棱柱体的抗压强度(采用 150 mm × 150 mm × 300 mm 的棱柱体试件)要比立方体的抗压强度(采用 150 mm × 150 mm × 150 mm 的试件)小。如混凝土的轴心抗压强度和混凝土立方体抗压强度相比,轴心抗压强度仅为立方体抗压强度的 0.7 ~ 0.8 倍。

4. 表面状态

当混凝土受压面上有油脂类润滑物时,由于压板与试件间摩擦阻力小,使环箍效应影响大大减小,试件将出现垂直裂纹而破坏,故此测得的强度值小。同时试件表面如粗糙或不平整,会引起应力集中而使测试强度大为降低。因此实验测试时,必须取试件的平整光洁的表面。

5. 加荷速度

实验时,压力机对试件加荷速度的大小对材料强度值的影响也较大,其原因是试件的变形达到一定程度时破坏才发生,而加荷速度较快时,材料变形的增长速度落后于荷载增加的速度,当荷载增加到破坏荷载之上时,变形才达到破坏程度,故所测的强度值偏高。反之,则测得的强度较低。因此,实验时加荷速度的快慢应严格按照国家规范所要求的加荷速度进行加荷,否则会产生人为的误差,导致实验结果不准。

6. 温度

试件养护的温度及实验时温度的高低直接影响实验结果。如混凝土不在标准条件下温度养护,会使其强度增长,或快或慢。此时无法确定混凝土强度的大小。混凝土的实验温度也须严格控制。通常材料的强度也会随实验时温度的升高而降低。尤其是对有机材料,如沥青实验中,温度对材料性能有明显影响。

7. 湿度

试件养护的湿度及实验时试件的湿度也明显地会影响实验数据,如混凝土试件养护时要求相对湿度达 90% 以上,以保证水泥水化所需的水分。而实验时试件的湿度越大,测得的强度越低,因为水分会使材料软化或起尖劈作用产生裂缝而使强度降低,所以干燥试件比湿润的试件测得的强度高。而脆性材料的弯曲强度可能出现相反的现象,所以,试件的养护及测试的湿度应控制在规定的范围内。

通过以上内容可以看出,实验条件直接影响所测试材料的实验结果,故实验时必须严格按照实验操作规程进行,否则会直接影响实验数据的准确性。

第三节　实验结果的分析与处理

在取得了原始的实验数据之后,为了达到所需要的科学结论,常需要对观测数据进行一系列的分析和处理,最基本的方法是数学处理方法。经数据处理后,编写或填写实验报告,从而确定实验结果。但是,当对同一物理量进行重复测量时,经常发现他们的数值并不一样,每项实验都有误差,随着科技水平及人们认识水平的提高,误差可被控制的比较小,但不能完全消除。为了科学地评价数据资料,必须得认识和研究误差,才可以达到以下目的。

(1)正确认识误差的性质,分析误差产生的原因,以消除或减少测量误差。

(2)正确处理数据,合理计算结果,以更接近于真实值的数据。

(3)正确组织实验,合理设计或选用仪器和操作方法,以便在经济的条件下取得理想的结果。

一、测量误差

由于测试过程中仪器的精确性、人的视觉差、试件尺寸偏差的大小、测试取点等因素的影响,通常所测试的数值只是客观条件下的近似值,而不是物体的真正数值。虽然真值的量是未知数,但是可以估计测试值与真值相差的程度。测定值与真值之间的差异,称为测定值的观测误差,简称误差。

(一)测量及分类

测量是使客观事物的某种特性获得数值的表征,也就是将待测的量直接或间接地与另一同类的已知量相比较的过程。已知量由测量仪器与测试工具来体现,并作为标准的量。

测量分为直接测量、间接测量与总体测量 3 类。

1. 直接测量

未知量与已知量相比较,从而直接求得未知量的数值,可用下式表示

$$Y = X$$

式中　Y——未知量的值;

　　　X——由测量直接获得的数值。

2. 间接测量

未知量是通过一定的公式与几个变量相联系,不能直接求得,须将直接测量所得的各变量值代入公式中,经过计算而得的未知量的数值。间接测量可用下式表示。

$$Y = F(x_1, x_2, \cdots, x_n)$$

式中　$x_1, x_2, \cdots, x_n$——各函数直接测量之数值。

例如测量水泥抗折强度,利用下列公式

$$f_{tm} = \frac{3FL}{2bh^2}$$

式中　f_{tm}——材料的抗弯强度，MPa；

　　　F——最大荷载，N；

　　　L——两支点间距，mm；

　　　b,h——试件的断面宽度、高度，mm。

间接测量是用得最多的一种，大多数建材性能的测试都在间接测量的基础上完成。

3.总和测量

总和测量是指使各个未知量以不同的组合形式出现，根据直接测量或间接测量所得数值。例如，混凝土强度与回弹值的关系可用下式表示。

$$R = aN^b$$

式中　R——混凝土强度；

　　　N——混凝土回弹值；

　　　a,b——系数，可用两个方程式或采用回归分析法求得。

（二）误差的分类

误差的分类方法较多，按照误差最基本的性质与特点，可将误差分为三大类：系统误差、随机误差和疏忽误差。

1.系统误差

凡恒定不变或遵循一定规律变化的误差称为系统误差。产生系统误差的原因主要来自测量仪器和工具、测量人员、测量方法和条件3个方面。

测量仪器和工具不完整而产生的误差。例如，天平砝码不准确所产生的固定不变的系统误差；游标卡尺刻度不精确而产生的误差，万能实验机的刻度盘指针轴不在圆心上而产生的周期变化等误差均为系统误差。

测量人员产生的系统误差，是由于观测者的不同习惯所引起的误差。如有的人用左眼观测，有的人用右眼观测，而造成读数时的误差；压力机给油速度不同等。

测量方法和条件所产生的误差，是由于没有按照正确的方法进行或者由于外界环境的影响所产生的误差。如不严格按照操作规程制作混凝土试件或测坍落度；养护的温度、湿度未达到标准条件等。

在测量过程中，如果系统误差很小，则表示测量结果相当准确，所以测量的准确度由系统误差来表征。

2.随机误差

当误差的出现没有规律性，其数值的大小与性质也不固定时，即误差是随机变化的，称为随机误差。任何一次测量中，随机误差都是不可避免的，而且在同一条件下重复进行的各次测量中，随机误差的大小、正负各有其特性，但就其总体来说，却具有某些内在的共性，即服从一定的统计规律，出现的正负误差概率几乎相等。

随机误差产生的原因多种多样。由许多互不相干的独立因素引起。其大多数因素与系统误差一样，只不过由于变化因素太多或者由于其影响太微小而复杂，以致无法掌握其具体规律。

随机误差不能用实验的方法消除，但其总体有规律。根据随机误差的理论分析，一组多项重复测试值的算术平均值是最有代表性的数值,所以在重复测试中,取其算术平均值作为测量结果的一个重要指标。如水泥强度、混凝土强度等测试结果的计算即采用以上方法。

在具体测量中,如果数值大的随机误差出现的概率比数值小的随机误差出现的概率低得多,则表示测量结果较为精密,所以测量的精密度是随机误差离散程度的表征。

3. 疏忽误差

疏忽误差是由于测试者的疏忽大意引起的操作、读数或计算等产生的误差,都会使测量数据产生明显的歪曲,使测试结果完全错误,这种误差称为疏忽误差。疏失误差远远超过同一客观条件下的系统误差与随机误差,凡含有疏忽误差的数据应舍去。在测量中是不允许存在的。如在混凝土抗压强度测试中,以 3 个试件的算术平均值作为该组试件的抗压强度,3 个试件中的最大值或最小值中如有一个与中间值的差超过中间值15%,则把最大与最小值舍去,取中间值作为该组试件的抗压强度值,若 3 个试件有两个值与中间值的差超过中间值的15%,则该组实验作废。

4. 综合误差

随机误差与系统误差的合成,通称为综合误差。

值得注意的是,误差的性质可以在一定条件下转化。如压力实验机的示值误差,对于成批的压力机来讲,是偶然误差,但对某一台压力机来测量材料强度时,示值误差使测量结果始终偏大或偏小,就成为系统误差了。

(三)绝对误差与相对误差

绝对误差表示测定值与真值之偏离,是数值的大小表示偏离程度,其值之正负,指明了偏离的方向。绝对误差有时称为误差,它表示测量的准确度,因为真值一般无法测得,故通常采用最大绝对误差表示。

相对误差是绝对误差与真值之比,通常可用百分数(%)表示。相对误差表示测试的精密度,具有可比性。同样,在具体测量中常采用最大相对误差。例如用 250 kN 万能实验机进行钢材抗拉实验,测得的最大荷载为 198 000 N,如最大绝对误差为 1 000 N,则该观测值的最大相对误差为

$$\delta_1 = \frac{1\ 000}{198\ 000} \times 100\% \approx 0.5\%$$

又如用 20 kN 电子万能实验机测试水泥纤维板抗折强度,测得最大荷载为 728 N,如最大绝对误差为 4 N,则该观测值的最大相对误差为

$$\delta_2 = \frac{4}{728} \times 100\% \approx 0.5\%$$

从以上两例可以看出,二者的最大相对误差是相近的。也就是说它们的精密度是相近的。但如果用最大绝对误差来表示准确度,就可能会得出错误的结论,误认为后者比前者准确,由此可见,最大相对误差具有可比性。

二、统计特征量

实践证明,即使在原材料组成相同、工艺条件相同的条件下,生产出的材料性能测试结果并不完全一样,如混凝土试件,而是表现出一定的波动性,数据虽然有波动,但并非杂乱无章,而是呈现出一定的规律性。为了便于研究实验数据的数字特征,一般把数字特征分成两类:一类表示数据的集中性质或集中程度,如平均数、中位数等;另一类表示数据的离散性质或离散

程度,常用如均方、标准差(均方差)、极差、变异系数等。下面介绍几种常用的统计特征量。

1. 平均值

将某一未知量 x 测完 n 次,得其测试值为 $M_1,M_2,\cdots,M_n$,求其平均值得

$$\bar{x} = \frac{M_1 + M_2 + \cdots + M_n}{n} = \frac{1}{n}\sum_{i=1}^{n} M_i$$

式中　$\bar{x}$——定义为算术平均值。

当然这几个测定值应具有相同的可信度,对于任意子样获得的平均值,它是未知量母体真值的最精确推断值,观测次数多时,其值应服从正态分布,即比真值大的值和比真值小的值出现的次数基本相同。根据随机的规律,正负误差在误差代数和中会互相抵消,当误差的代数和为零时,算术平均值即为真值。观测次数越多,误差的代数和越接近零。在数据处理中,常常根据此方法来处理观测的结果。

2. 标准差(均方差)

观测值与算术平均值的平方和的平均值的平方根称为标准差(或均方差)用 σ 表示。

$$\sigma = \sqrt{\frac{\sum_{i=1}^{n} (x_i - x_0)^2}{n - 1}} = \sqrt{\frac{\sum_{i=1}^{n} x_i^2 - nx}{n - 1}}$$

如果在测量中出现过大误差,采取平均值来处理观测结果,就不能反映观测值的误差大小,计算中有了平方的程序,不管是正误差还是负误差,都变成正数,不会相互抵消。这样,我们就可以看出一组等准确度测量系列中观测值的变异程度,其标准差越大,表示观测值的变异性也越大。当然 σ 是表示测量次数 $n\rightarrow\infty$ 时的标准差,而在实测中只能进行有限次的测量,测量的次数 n 越大,σ 的值越精确。

3. 变异系数(离散系数)

标准差 σ 只是反映数值绝对离散(波动)的大小,也可用它来说明绝对误差的大小,而实际上更关心其相对误差的大小,即相对离散的程度,这在统计学上用变异系数 C_v 来表示。

如同一规格的材料经过多次实验得出一批数据后,就可以通过计算平均值、标准差与变异系数来评定其质量性能的优劣。

三、数据处理和计算法则

在实验过程中,由于测量结果总含有误差,所以在记录和数字运算时,必须注意计量数字的位数,位数过多会使人误以为测量精度很高,位数过少会损失精度,一般应遵循以下规则。

1. 有效数字的含义及记录测量数值时,有效数字的读法

表示测定的数值与通常数学上所说的数值在概念上是不同的。例如 22.6 和 22.60,在数学上都看作同一数值,而在表示测试值时是不一样的。混凝土的强度 22.6 MPa 是满足不等式 22.55 MPa $\leqslant f \leqslant$ 22.65 MPa 测试值。有效数字是指在表示测定值的数值中,有意义的数字。而 22.60 有效数字为 4 位。

记录测量数值时,应读至测量仪器的最小分度值,最小分度值是按仪器所能达到的精度来确定的,其误差为 ±0.5 最小分度值。有效数字的位数,第一位从自左向右第一个不为零的数字算起,最末一位规定允许有 ±0.5 单位误差。所以,如用最小分度值为 1 mm 的钢尺去测量混凝土试件的边长,按最接近的刻度值,记录为 151 mm,此时的真实边长可能为 (151±0.5)mm,有效数字为 3 位。

如果需要作进一步运算的读数,则应在按最小分度值读取后估读一位。这样,混凝土试件边长可能记录为 150.7,150.9 或 151.3 mm 等。

2. 计算过程中计量数字位数的选择

(1)小数的加减运算。运算时各数所保留的位数应比其中小数点后位数最少的多一位。计算结果应和原来数字中小数点后位数最少的那个相同。

例如,3 个计量数字相加:100.6,101.12,100.623 mm 3 个数中,小数点后位数最少的是一位,所以演算时应保留两位,按下式相加,得

$$100.6 \text{ mm} + 101.12 \text{ mm} + 100.62 \text{ mm} = 302.34 \text{ mm}$$

计算结果保留小数点后一位,应取 302.3 mm。

(2)小数的乘除运算。运算时各数所保留的位数应比其中有效数字最少的多保留一位。计算结果中,应保留的位数与原来数字中有效数字最少的那个相同。

例如,100.6,101.12,100.623 mm 相乘,其中有效数字最少的是 4 位,所以演算时应保留 5 位,按下式相乘,得

$$100.6 \text{ mm} \times 101.12 \text{ mm} \times 100.62 \text{ mm} = 1\ 023\ 574.257 \text{ mm}^3$$

计算结果保留 4 位有效数字,应取 $1.024 \times 10^6 \text{ mm}^3$。

(3)小数的乘方、开方运算。计算结果应保留的位数和原来有效数字位数相同。

例如,100.6 mm 的二次方为 $(100.6)^2 = 10\ 120.36 \text{ mm}^2$

计算结果保留 4 位有效数字,应取 $1.012 \times 10^4 \text{ mm}^2$。

(4)须同时作几种运算时,对需要作中间计算的数字所保留的位数,应比单一运算时所应保留的位数多一位。

3. 舍入误差与舍入规则

舍入误差是通过舍入而读取一定位数的测定值时,所造成的误差。因此,人们总希望它在多次实践中的均值基本等于零。而古典的"四舍五入"法则当末位是 5 位时,误差出现的机会多。因此我国根据科技工作的需要,由科学技术委员会正式颁布了《数字修约规则》,通称为"四舍六入五单双",具体运用如下:

(1)四舍六入

如 36.74 取 3 位数为有效数字应为 36.7,而 36.76 取 3 位数为有效数字应为 36.8。

(2)五入单双

若 5 的后面还有数字则进一,如 36.852 取 3 位有效数字时应为 36.9。

若 5 的后面数字全为零,则视前一位数字的奇偶而定进或舍,若前一位数字为奇数则进一,为偶数时则舍去。如 36.350 和 36.250 取 3 位有效数字时,应分别为 36.4 和 36.2。

在测试过程中,测试数据的有效数字位数应与所用仪器设备的精度一致,在有效数字的运算过程中,应遵循"先进舍,后运算"原则。

参考文献

［1］尹健.土木工程材料［M］.北京:中国铁道出版社,2015.

［2］郭战胜,施冬莉,宋亦诚.材料力学［M］.2 版.上海:同济大学出版社,2013.

［3］赵明华.土力学与基础工程［M］.2 版.武汉:武汉理工大学出版社,2003.

［4］黄晓明.路基路面工程［M］.5 版.北京:人民交通出版社,2017.

［5］熊仲明,王社良.土木工程结构试验［M］.北京:中国建筑工业出版社,2015.